암 정복 연대기

암 정복 연대기

2019년 11월 5일 초판 1쇄 찍음
2020년 1월 22일 초판 2쇄 펴냄

지은이 남궁석
책임편집 다돌책방
편집 봉나은
디자인 프라이빗엘리펀트
본문조판 아바 프레이즈
마케팅 서일
펴낸이 이기형
펴낸곳 바이오스펙테이터
등록번호 제25100-2016-000062호
전화 02-2088-3456
팩스 02-2088-8756
주소 서울 영등포구 여의대방로69길 23, 한국금융아이티빌딩 6층
이메일 book@bios.co.kr

ISBN 979-11-960793-3-8 03470
ⓒ 남궁석

책값은 뒷표지에 있습니다.
사전 동의 없는 무단 전재 및 복제를 금합니다.

암 정복 연대기

암과 싸운 과학자들 | 남궁석 지음

BIO SPECTATOR

이 책에 나온, 암을 치료하려고 기꺼이 무모한 싸움에 도전장을 낸 과학자들이 이루어낸 성과물은 아직 최종병기가 아니다. 암을 '불치병'에서 '관리 가능한 질병'으로 바꾸는 일은 아직 멀었다. 암을 좀더 정확하게 이해해야 하고, 이를 바탕으로 새로운 방법과 전략을 계속 찾아내야 한다. 과학자들이 지금까지 치른 암 정복 연대기를 살펴보는 이유는, 남은 싸움에 어떻게 임할 것인지에 대한 영감을 얻기 위해서다.

차례

1부

글리벡 Glivec

007

2부

허셉틴 Herceptin

095

3부

여보이, 옵디보, 키트루다

Yervoy, Opdivo, Keytruda

199

에필로그

319

1부

글리벡

Glivec

성게알

체세포 안에서 유전정보를 담고 있는 지놈(genome)에 유전적 변형이 쌓여 암 유전자(oncogene), 암 억제 유전자(tumor suppressor gene) 등 핵심 유전자에서 돌연변이가 생기면 정상 세포가 암세포로 변한다. 현재 우리가 알고 있는, 암이 생겨나는 주요한 이유이며 상식이다.

그런데 상식은 시대가 바뀌고 지식이 누적됨에 따라 변하게 마련이다. 인류가 암의 존재를 처음으로 확인하고 남긴 기록은, 지금으로부터 4,500년 전으로 거슬러 올라간다. 약 B.C.E. 2,500년경 고대 이집트에서 기록된 것으로 보이는 파피루스에는 여러 가지 질병에 대한 소개와 함께 유방암으로 보이는 질병을 설명한 기록이 있다. 파피루스는 질병에 대한 소개를 마치고, 치료법을 간략하게 정리했다.

'치료법 없음.'

4천 년 전부터 19세기 말에 이르기까지, 사람들은 이 고약한 질병의 원인이나 치료법에 대해, 파피루스에 적혀 있는 그 단호한 문장 이상의 것을 알 수 없었다. 암이 유전자 정보에 문제가 생겨 발생한다는 지금의 상식에 비추어 보면, 1800년대 중반에 멘델이 발표한 유전법칙은 암의 정체를 밝히는 계기가 되었을지도 모른다. 그러나 아마추어 생물학자였던 멘델의 주장은 당시 사람들에게 널리 알려지지 않은 채 잊혀졌다. 멘델의 유전법칙은 20세기가 시작할 무렵이 되어서야 다른 연구자들에게 조명받기 시작했다.

멘델의 유전법칙이 다시 발견될 즈음, 암의 원인에 대한 지금 상식에 가까운 첫 번째 주장이 나왔다. 독일 생물학자 테오도어 보베리(Theodor Boveri, 1862-1915)는 암이 염색체 이상으로 발생하는 것이라고 주장했다. 보베리는 암을 연구하던 의과학자가 아니라 발생생물학자였다. 보베리는 회충이나 성게알을 이용해 동물의 발생 과정을 연구했다. 보베리는 동물의 알이 정자와 수정되어 첫 세포분열이 일어날 때 세포 속에서 어떤 일이 일어나는지 궁금했다. 보베리는 발생 초기의 세포분열을 현미경으로 관찰했다. 그리고 세포분열 과정에서 세포가 분열되기 전에 염색체(chromosome)가 두 개의 중심체(centrosome)와 결합하여 방추사(spindle)를 형성한다는 것을 발견했다. 하나의 세포가 두 개의 세포로 분열되려면, 세포 안 물질의 구성 성분도 공평하게 나누어져야 한다. 특히 염색체를 고르게 나누는 것이 중요한데, 세포분열 중기에 나타나는 중심체와 방추사가 염색체를 고르게 나누어주는 역할을 했다. 두 개의 중심체에서 형성된 방추사들이 염색체에 연결되고, 세포가 분열할 때 염색체를 정확히 반으로 갈라 두 개의 세포로 나누어준다.

보베리는 수정되기 전의 알을 구성하고 있는 세포질(cytoplasm)에서 일정한 양의 물질을 없애고 정자와 수정시켜보았다. 세포분열과 이후의 발생은 정상적으로 일어났다. 그런데 핵(nucleus)은 달랐다. 핵의 일부를 제거한 알에 정자를 수정시키면 발생이 제대로 이루어지지 않았다. 즉 핵에는 세포의 발생을 결정하는 중요한

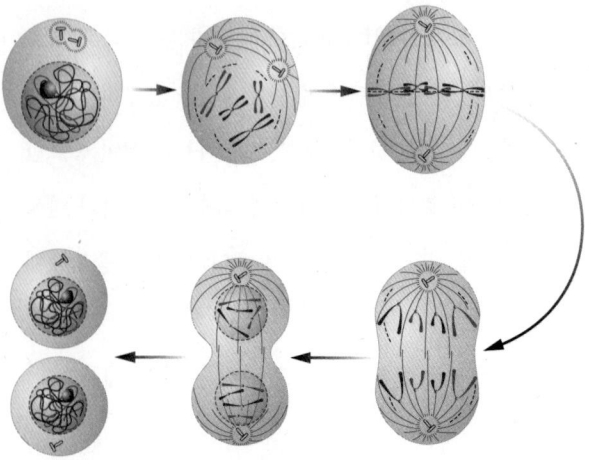

보베리는 방추사가 형성될 때 중심체에서 생성된 미세소관이 염색체에 부착되어, 염색체가 두 개의 세포로 나뉘는 과정을 관찰했다. 염색체가 배분되는 과정이 동물의 발생에 필수적임을 확인하였다.

인자가 있었던 것이다. 보베리는 좀더 복잡한 조작을 성게알에 시도했다. 하나의 성게알에 두 개 이상의 정자를 수정시켜 발생이 어떻게 진행되는지 관찰했다. 실험 결과 중심체가 두 개 이상 형성되어 염색체가 제대로 나누어지지 않았고, 이후의 발생도 제대로 이루어지지 않았다. 보베리는 실험 결과를 바탕으로 세포에서 발생과 관련된 특별한 기능을 담당하는 독립 단위가, 핵 안에 있는 물질에 의해 형성되는 '염색체'라고 생각했다.

보베리가 성게알로 연구하고 있을 때, 미국에서는 생물학자 월터 서턴(Walter Sutton, 1877-1916)이 메뚜기 생식세포를 연구했다. 메뚜기 세포 안에는 동일한 기능을 하는 염색체가 쌍으로 있고, 이 염색체 쌍은 생식세포가 분화함에 따라서 분리되었다. 서턴은 이를 바탕으로 암수의 생식세포가 만나는 수정란에서 암수가 각각 한 벌의 염색체를 제공해 한 쌍의 완성된 염색체를 형성하며, 이러한 염색체가 멘델의 유전법칙의 근원을 담은 물질이라 주장했다.

보베리와 서턴의 연구가 만나 서턴-보베리 이론

(sutton-bovery theory)이 되었다. 염색체에 유전물질이 포함되어 있으며, 멘델이 생각했던 '유전형질'이라는 것이 염색체에 담겨 있다는 염색체 이론(chromosome theory)이었다. 유전정보를 담고 있는 물질의 실체가 DNA라는 것을 알게 되기까지 앞으로 40여 년을 더 기다려야 했다는 점을 고려하면, 서턴과 보베리의 염색체 이론은 획기적이었다.

1914년, 보베리는 동물의 발생 과정에 대한 자신의 연구를 바탕으로 「악성 종양의 기원에 관하여(Zur Frage der Entstehung maligner Tumoren)」라는 제목의 논문을 발표한다. 논문에는 악성 종양, 즉 암에 대한 일곱 가지 가설이 담겨 있다. 앞뒤의 사정을 모르고 이 가설을 읽어보면 현대의 저명한 암 생물학자가 정리한 내용이라 오해할지 모른다. 100년 전에 성게알을 연구하던 발생생물학자가 주장한 내용이라고 보기에는 너무 정확하기 때문이다. 보베리의 가설은 다음과 같다.[1]

1. 암은 비정상적인 염색체 이상에서 유래한다.

2. 정상 세포는 발생 단계에서 분열을 계속하지만, 성장하고 나면 분열을 멈춘다. 특정한 외부 자극을 받아 분열하지만, 자극을 받지 않으면 세포분열을 억제하는 '저해(沮害) 메커니즘'이 있을 것이다.
3. 종양을 억제하는 염색체가 있고, 이것이 사라지면 암의 성장이 유발될 것이다.
4. 세포 성장을 촉진하는 암 유발 염색체가 암 발생에서 증폭될 것이다.
5. 양성 종양이 악성 종양으로 변하는 과정은 단계적으로 진행된다. 이는 종양을 억제하는 염색체가 사라지고, 암 성장을 유도하는 염색체가 늘어나면서 점진적으로 일어난다.
6. 암은 한 세포의 염색체 이상에서 유래한다.
7. 암을 구성하는 여러 세포에 서로 다른 염새체 이상이 있을 수 있다.

보베리의 생각이 현대의 암 생물학에서 사용하는

개념과 완전히 일치하지는 않는다. 보베리는 '암 유발 억제 염색체'와 같은 개별적인 염색체가 특정한 기능을 수행한다고 주장했지만, 현대 생물학은 특정 염색체라기보다는 염색체에 포함되어 있는 유전자(gene)가 이런 기능을 수행한다고 본다. 물론 보베리가 논문을 발표하기 전에는 유전자 개념 자체가 잘 알려져 있지 않았다는 점을 감안해야 할 것이다.

현재 우리가 암의 메커니즘이라고 생각하는 내용 가운데 상당수는 100여 년 전 보베리에 의해 처음 제시되었다. 1915년, 토마스 헌트 모건(Thomas H. Morgan, 1866-1945)은 초파리 돌연변이 연구를 바탕으로 『멘델 유전의 메커니즘(*The Mechanism of Mendelian Heredity*)』이라는 책을 출판했다. 책에는 '유전형질을 가진 입자(유전자)가 염색체 안에 있다'는 멘델의 주장이 소개되었으며, 이로 인해 멘델의 유전법칙 개념은 다시 주목받는다. 보베리의 「악성 종양의 기원에 관하여」가 1914년에 발표되었으므로, 보베리는 유전법칙과 유전자 개념이 알려지기도 전에 암에 대한 가설을 제창한 셈이다.

보베리는 이후 100여 년 동안 암 연구에서 밝혀질 개념들을 충실히 '예언'했다.

그러나 보베리의 생각은 당대에 주목받지 못했다. 보베리가 암 연구자가 아닌 성게나 회충 등을 연구하는 발생생물학자였다는 점이 이유였을지도 모른다. 연구하기 쉬운 생물로 생물학을 연구하는 '모델 생물 연구'로 수많은 질병의 메커니즘을 규명하고 있는 요즘에도, 모델 생물 연구가 환자 치료에 무슨 보탬이 되겠냐며 회의적인 시선이 적지 않다. 하물며 1900년대 초반에 성게나 회충 같은 하등동물실험 결과를 바탕으로 암의 메커니즘을 연구했던 보베리의 주장이 주목받기는 어려웠을 것이다.

사람에게 나타나는 암에서, 보베리가 주장했던 특이한 염색체 변형이 나타난다는 것을 확인하기까지는 다시 긴 시간이 흘러야 했다. 보베리의 논문이 발표된 지 거의 반세기가 지난 후인, 1960년 미국 필라델피아에서 이야기는 계속된다.

필라델피아 염색체

전체 백혈병(leukemia) 가운데 약 15% 정도를 차지하는 만성 골수성 백혈병(chronic myeloid leukemia, CML)은 조혈모세포가 백혈구를 만드는 과정에서 생기는 혈액암이다. 만성 골수성 백혈병에 걸린 환자의 혈액 안에는 백혈구에서 유래한 암세포가 무제한 증식해 골수와 비장에 침범한다. 치료법이 나오기 전인 1980년 이전까지, 만성 골수성 백혈병으로 진단받은 환자는 진단 후 평균 3년에서 5년 안에 사망했다.

만성 골수성 백혈병은 환자의 생명을 앗아가는 질병이라는 점에서 중요하지만, 암 연구와 치료제 개발이라는 면에서도 중요하다. 암이 특이적인 염색체 이상으로 생길 수 있다는 것을 처음으로 확인해준 것이 만성 골수성 백혈병이며, 이렇게 밝혀진 암의 발생 원인을 바탕으로 암을 치료하는 첫 번째 표적 항암제도 만성 골수성 백혈병 치료제이기 때문이다.

만성 골수성 백혈병으로 추정되는 질병이 처음 보

고된 것은, 1841년 영국 스코틀랜드 지역의 글래스고에서였다.[2] 의사였던 존 휴스 베넷(John Hughes Bennett, 1812-1875)은 혈액 속에 백혈구가 비정상적으로 많고, 비장이 확대된 환자의 사례를 보고했다. 비슷한 기록은 이후 독일과 프랑스에서도 보고되었다. 19세기에 만성 골수성 백혈병 치료에 나선 사람으로는 '셜록 홈즈'로 유명한 추리소설가이자 의사였던 아서 코난 도일(Arthur Conan Doyle, 1859-1930)도 있었다. 기록에 따르면 코난 도일은 독극물인 비소를 치료제로 활용했고, 식이요법으로 환자를 치료하려 했다고 한다.[3] 당시의 모든 암과 마찬가지로 만성 골수성 백혈병도 발생 원인과 치료법을 알 수 없는 미지의 질병이었다.

1956년, 필라델피아에 있는 펜실베이니아 대학 의대에 피터 노웰(Peter Nowell, 1928-2016)이라는 젊은 의사가 부임한다. 그는 수련의 시절부터 백혈병에 관심을 가졌다. 피터 노웰은 백혈병 환자에게서 유래한 백혈구 염색체에 이상이 있는지 궁금했다. 그는 펜실베이니아 대학 근처에 있던 폭스-체이스 암 센터(Fox Chase

Cancer Center)에서 학위 과정을 밟고 있던 대학원생 데이비드 헝거포드(David Hungerford, 1927-1993)와 함께 백혈병 암세포의 염색체 이상을 연구했다.

처음에는 급성 골수성 백혈병(acute myelogenous leukemia, AML) 환자의 암세포를 검사했지만 정상 세포와 다른 점을 찾지 못했다. 그러다 두 명의 만성 골수성 백혈병 환자 염색체에 비정상적으로 작은 염색체가 있는 것을 발견해 1960년에 발표했다.[4] 이듬해 다시 10명의 만성 골수성 백혈병 환자 염색체를 더 조사했는데, 10명 가운데 9명에게서 비정상적으로 작은 염색체를 발견할 수 있었다.[5] 피터 노웰과 데이비드 헝거포드가 발견한 비정상적으로 작은 염색체는 영국의 만성 골수성 백혈병 환자에게서도 발견되었다.[6] 새로운 과학적 사실이 발견되면, 발견한 사람이나 그가 활동한 지역의 이름을 붙이는 학계의 관례대로, 이 비정상적으로 작은 염색체의 이름은 필라델피아 염색체(philadelphia chromosome)로 지어졌다. 보베리가 주장했던 '염색체 이상에 의한 암 발생'의 실체가 처음으로 확인되는 순간

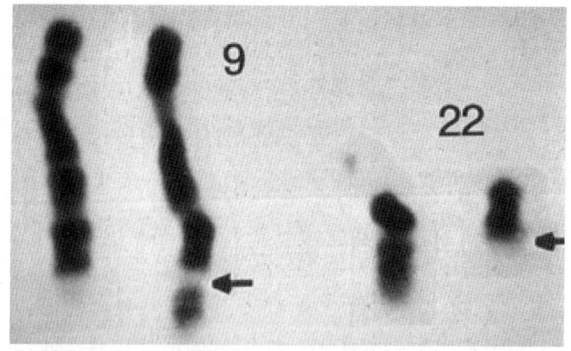

필라델피아 염색체. 피터 노웰과 데이비드 헝거포드가 만성 골수성 백혈병 환자에게서 발견한 비정상적으로 작은 염색체로, 22번 염색체의 일부가 9번 염색체로 옮겨가는 전좌(transposition) 현상으로 생겨난다.

이었다.

보베리의 주장이 실험적으로 입증되기까지 왜 이렇게 오래 걸렸을까? 세포의 핵 안에 있는 DNA는 일반 광학 현미경으로 보이지 않는다. 단 세포분열 직전에 DNA가 응축되었을 때 시약을 처리하면 염색할 수 있고, 이때 현미경으로 관찰할 수 있다. 이렇게 염색이 되는 물질이었기에 염색체(染色體)라고 불렀다.

염색체에서 실제 정보를 담고 있는 핵심 물질이 DNA라는 것은, 염색체가 알려지고 한참이 지난 1940년대에 확인되었다.[7] 물론 염색체를 손상 없이 염색하고, 현미경으로 관찰하려면 실험 기술이 더 발전해야 했다. 1921년에 사람의 세포에는 48개의 염색체가 있다는 관찰 결과가 발표되었다.[8] 실제 사람의 염색체는 23개가 한 쌍씩 있어 총 46개지만, 염색 기술의 한계로 숫자를 잘못 센 것이었다. 정상 세포 염색체의 개수를 정확하게 세지도 못하는 상황인데, 암에서 발생하는 미세한 염색체의 변화를 찾아낸다는 것은 쉽지 않았다. 더구나 종양 조직을 구성하는 개별적인 암세포는, 유전적으로 서로 다른 세포(heterogenous)로 구성된다. 정상 세포와 다양한 유전적 변화를 가지는 암세포들이 섞여 있는 종양 조직에서 이들을 정확하게 구분해 염색체 이상을 찾아내기란 더욱 어려웠다.

염색체를 관찰해 정확한 개수를 셀 수 있게 된 것은, 20세기 중반 들어 세포 안에 있는 염색체를 연구하는 세포유전학(cytogenetic) 실험 기술이 발전하면서 가능해졌다. 콜히친(colchicine)이라는 약물을 세포에 처리하면 세포 주기의 진행이 억제되어 특정 시기의 염색체를 고르게 염색할 수 있었다. 또한 염도가 낮은 용액에서 방추사를 파괴하고 세포를 팽창시키면 좀더 쉽게 염색할 수 있다는 노하우도 1950년대에 이르러 확립되었다. 기술과 노하우가 발전하면서 사람의 염색체가 48개가 아니라 46개라는 것을 알게 되었고,[9] 정상인에게 두 개 있는 21번 염색체가 다운증후군 환자에게 세 개 있다는 것도 발견할 수 있었다.[10]

사람의 염색체 이상을 전보다 정확히 관찰할 수 있게 된 연구자들은 암 연구에 새 기술을 적용해보았다.

1960년 스웨덴 카롤린스카 연구소의 클라우스 바이로이터(Klaus Bayreuther, 1929-2014) 등은 당시 알려진 몇 가지 암세포에 염색체 이상이 있음을 발견했다.[11] 그러나 특정 종류의 암에서 항상 고르게 발견되는 특정 염색체의 변형은 노웰과 헝거포드가 만성 골수성 백혈병 암세포에서 발견한 필라델피아 염색체가 유일했다. 다른 종류의 암에서 이러한 특이적인 변형이 발견되기까지는 더 오랜 시간이 걸렸다.

노웰과 헝거포드의 발견 이후 거의 모든 종류의 암에서 비정상적인 염색체 이상이 발견되었다. 염색체 수의 증가, 염색체 구조의 커다란 변형 등이었다. 다만 이러한 염색체 이상은 환자마다, 암 조직마다 제각각이었다. 만성 골수성 백혈병에서 보이는 필라델피아 염색체처럼 특정한 경향성은 쉽게 찾을 수 없었다. 과연 보베리가 주장한 것처럼 염색체 변형이 암을 유발하는 주된 원인일까? 아니면 염색체 변형은 암이 진행되면서 나온 결과일까?

라우스 사코마 바이러스

연구자들이 암의 원인을 염색체 이상에서만 찾았던 것은 아니다. 18세기 말, 영국 의사 퍼시벌 포츠(Percival Potts, 1714-1788)는 런던에서 건물의 굴뚝을 뚫는 청소부들이 젊은 나이에도 암에 많이 걸리는 것을 발견했다. 퍼시벌 포츠는 굴뚝 안에 있는 검댕에 암을 유발하는 원인이 있을 것이라는 가설을 세웠다. 환경적 요인이 암을 일으키는 원인일 수 있다는 퍼시벌 포츠의 연구는 나중에 흡연에 의한 암 발생, 자외선에 의한 암 발생 연구 등으로 이어졌다. 환경 요인이 세포 안의 DNA를 망가뜨리고 돌연변이를 유발해 암으로 이어진다는 것이 지금은 상식으로 통한다. 그러나 환경 요인이 DNA를 손상시키고 암을 발생시킬지 모른다는 의심을 가진 이후, 정확한 메커니즘을 이해하기까지는 오랜 시간이 걸렸다.

암을 일으키는 병원체가 따로 있을 것이라 생각했던 연구자들도 있다. 미국의 페이튼 라우스(Peyton

Rous, 1879-1970)도 그런 연구자들 가운데 한 명이었다. 젊은 의사 라우스는 1911년 뉴욕 록펠러 의학연구소(이후 록펠러 대학교)에서 근무했다. 그는 시장에서 우연히 매우 큰 종양을 가진 닭을 발견했다. 라우스는 닭에서 종양을 떼어내 추출물을 만들고, 이를 여과해 암세포를 제거했다. 그리고 이것을 다른 닭에 주사하자, 주사를 맞은 닭은 암에 걸렸다.[12] 암 조직에서 암세포를 제거한 추출물이 암을 일으켰다면, 암을 유발하고 전염시킬 수 있는 병원체가 암 조직 안에 있을지도 모르는 일이었다. 라우스가 찾은, 닭에서 암을 일으키는 병원체는 나중에 라우스 사코마 바이러스(rous sarcoma virus, RSV)라고 불리게 된다.

보베리의 가설이 입증되고 학계에서 받아들여지기까지 긴 시간이 걸렸던 것처럼, 라우스의 '암을 유발하는 병원체' 개념도 오랫동안 학계의 주목을 끌지 못했다. 라우스 사코마 바이러스는 닭에서 암을 유발했지만, 사람과 포유동물에게 암을 일으키지 않았다. 포유동물이나 사람에게 암을 일으키는 다른 바이러스가 쉽게 발

라우스 사코마 바이러스를 발견한 바이러스 학자
페이튼 라우스

견되지도 않았다. 오랫동안 암 유발 바이러스를 찾으려 노력했던 페이튼 라우스도 결국 포기했다. 그는 다른 분야 생리학 연구로 돌아섰다.

그러나 1933년부터 1960년까지, 토끼, 쥐, 고양이, 유인원 등 여러 포유동물에서 암을 유발하는 바이러스가 발견되면서 상황이 바뀌었다. 1964년에는 사람에게 암을 일으키는 바이러스인 엡스타인 바 바이러스(epstein-bar virus)도 발견되었다.[13] 1960년대 중반이 되자 페이튼 라우스가 1911년에 처음 발견한 라우스 사코마 바이러스는 암의 발생 원인을 이해하는 중요한 단서로 주목받았다. 페이튼 라우스는 세상을 떠나기 4년 전인 1966년에 라우스 사코마 바이러스를 발견한 공로를 인정받아 노벨 생리학상을 수상한다. 이때 페이튼 라우스의 나이가 87세로, 발견부터 수상까지 무려 55년이 걸렸다. 페이튼 라우스는 노벨상을 타기 위한 제1의 조건이 '성과를 인정받을 때까지 무병장수하는 것'이라는 속설을 증명하기도 했다.

라우스는 노벨상 수상 강연에서 암은 유전적 이상

에 의해서 생기는 것이 아니라, 자신이 발견한 라우스 사코마 바이러스와 같은 감염원에 의한 것이라는 오랜 소신을 강하게 주장했다. 그러나 이후 인유두종바이러스(human papilloma virus)에 의해서 생기는 자궁경부암 등 일부 암 말고 인간에게 생기는 대부분의 암은 라우스의 주장과 달리 감염원과 관계 없는 이유로 발생한다는 점이 밝혀졌다. 역설적이게도 라우스가 발견한 라우스 사코마 바이러스를 이용한 암 연구는, 대부분의 암이 바이러스 등의 감염원에 의해서 생기는 것이 아니라 다른 이유로 생긴다는 것을 밝히는 데 도움을 주었다.

암과의 전쟁

1971년 12월, 미국의 닉슨 대통령은 'National Cancer Act', 즉 '국가 암 퇴치법'에 서명했다. 미국 연방정부가 '암과의 전쟁'에 본격적으로 나서겠다는, 암에 대한 선전포고였다. 1972년부터 3년간 15억 달러를 암 연구에 투자해, 미국 독립 200주년이 되는 1976년까지 암을 정복하는 과정에서 뚜렷한 성과를 내겠다는 야심찬 계획이었다. 비슷한 시기 미국이 베트남 전쟁에 쓴 돈이 100억 달러 내외였다는 점을 생각하면 적지 않은 투자였다. 암과의 전쟁을 지휘할 사령부는 미국 국립보건원(NIH) 국립 암 연구소(National Cancer Institute, NCI)였다.

2차 대전이 일어나기 전까지 미국 연방정부는 과학 연구에 대한 별다른 지원을 하지 않았다. 과학 연구의 주요 후원자는 록펠러 재단(The Rockerfeller Foundation) 등 민간 단체였다. 그러나 미국이 2차 대전에 참전하면서 달라졌다. 미국 연방정부는 전쟁에서 승리하기 위해 군사 관련 연구를 대대적으로 수행하기 시작한다. 원자폭탄을 만들어낸 '맨해튼 프로젝트'도 이런 맥락이었다. 2차 대전에서 승리를 거둔 1945년, 프랭클린 D. 루스벨트 전 대통령의 과학 보좌관이자 맨해튼 프로젝트에도 관여했던 MIT 교수 버니바 부시(Vannevar Bush, 1890-1974)는 보고서 한 부를 작성한다.「과학, 끝없는 프런티어(*Science, the Endless Frontier*)」[14]라는 제

맨 왼쪽부터 「과학, 끝없는 프런티어」를 작성한 버니바 부시, 미국 34대 부통령이자 33대 대통령이었던 해리 트루먼, 화학자이자 외교관 제임스 브라이언트 코넌트

목의 이 보고서는 전쟁이 끝난 이후에도 미국 연방정부가 과학에 대규모 자원을 쏟아 붓는 토대가 되었다.

버니바 부시는 보고서에서 평화 시 국가가 지원해야 하는 과학 연구의 중요한 과제 가운데 하나로 '질병과의 전쟁'을 들었다. 병을 고치려면 병의 발생 원인을 알아야 하고, 병의 발생 원인을 알려면 생명 현상을 이해해야 한다. 따라서 생명과학 연구 등의 기초 연구에 폭넓은 지원이 필요하다는 논리였다.

보고서의 영향력은 대단했다. 2차 대전 이후 미국 국립보건원을 거쳐 미국 대학과 연구소로 지원된 의생명과학 분야 연구비는 1960년대 중반 이미 10억 달러를 넘었다.[15] 문제는 이렇게 많은 연구비가 투자되었지만, 연구비의 원천인 세금을 낸 시민들이 피부로 느낄 수 있는 의학적 발전이 더뎠다는 점이다. 의료 현장에서 당장 필요한 치료 연구보다 과학자들의 과학적 호기심을 충족시키는 연구에 혈세가 낭비된다는 비판적 여론도 점점 커져갔다.

이러한 상황에서 '암과의 전쟁'이라는 정부 주도 캠

페인이 시작되었다. 미국은 불과 얼마 전, 아폴로 계획을 성공시켜 10년 만에 달에 사람을 보낸 나라였다. 연방정부가 주도하는 집중적인 투자가 이어진다면 암도 머지않아 정복할 수 있을 것이라 자신했고, '암과의 전쟁'이 시작되었다.

미국 연방정부의 계획을 비판하는 과학자들은 적지 않았다. 컬럼비아 대학의 암 생물학자 솔 슈피겔만(Sol Spigelman, 1914-1983)은 '지금 상황에서 암과 전면전을 벌인다는 것은, 마치 뉴턴의 중력법칙을 모르는 상태에서 인간을 달에 착륙시키겠다는 것과 마찬가지다.'라고 말했다.[16] 인간을 달에 착륙시키는 데 필요한 모든 물리학적 지식은 아폴로 계획을 시작하기 전에 이미 정립된 상태였다. 아폴로 계획은 인간을 달에 보냈다가 무사히 데려오는 데 필요한 기술을 실제로 구현하는 공학적 문제면서, 돈과 의지의 문제였다. 암과의 전쟁과는 상황이 전혀 달랐다. 암 발생의 기본 원리도 모르는 상황에서, 아폴로 계획처럼 큰 투자를 하면 암 치료의 돌파구를 찾을 수 있을 것이라는 계획은 무모했다.

그럼에도 이러한 계획이 입안될 수 있었던 데는 페이튼 라우스가 발견한 라우스 사코마 바이러스의 영향이 컸다. 암이 정말 라우스 사코마 바이러스 같은 병원체 때문에 일어나는 질병이고, 암을 일으키는 바이러스를 발견할 수만 있다면, 암을 치료하는 '마법의 항암제'를 만들 수 있을 것이라는 기대였다.[17] 2차 대전에서 병원균에 감염된 수많은 부상자를 구해낸 페니실린의 기적을 다시 만들 수 있다는 기대도 1970년대 초 암과의 전쟁의 주된 배경이 되었다. 안타깝게도 이러한 기대가 지나친 낙관이었다는 것을 깨닫기까지 긴 시간이 필요하지는 않았다.

레트로바이러스

1958년 하워드 테민(Howard Temin, 1934-1994)은 닭 배아에서 유래한 섬유아세포(fibroblast)를 실험실에서 배양해 라우스 사코마 바이러스에 감염시키는 실험을 했다. 라우스 사코마 바이러스에 감염된 섬유아세포는 암세포로 변했다. 암화(癌化)가 진행된 세포 집합체인 콜로니(colony)가 만들어진 것이다.[18] 하워드 테민은 체외 세포배양 환경에서 라우스 사코마 바이러스 감염만으로 닭의 정상 세포를 암세포로 변화시킬 수 있다는 것을 보여주었다. 그의 발견은 라우스의 '바이러스가 암을 일으킨다는 주장'을 명확하게 확인해준 것이었다.

이는 당시 분자생물학 연구의 주류를 이루던 박테리오파지(bacteriophage) 유전학과 거의 비슷한 방법이었다. 박테리오파지는 세균을 숙주로 하는 바이러스다. 박테리오파지에 감염된 세균을 용해하면 플라크(plaque)가 만들어지는데, 여기서 다시 순수한 바이러스를 분리시킬 수 있다. 박테리오파지의 이런 특징을 이용한 유전학 연구는 20세기 분자생물학의 기본적인 이론들을 정립하는 데 크게 기여했다. 체외 배양세포에서 암 콜로니를 형성하는 라우스 사코마 바이러스의 특징 덕분에, 암을 일으키는 바이러스의 돌연변이주를 분리해 암 바이러스 유전학 연구를 할 수 있었다.

세포에서는 DNA에 있는 정보가 RNA로 복사되고, 단백질을 만드는 데 RNA가 사용된다. 시간 순서로 보면 DNA가 먼저 있고 RNA가 다음이다. 유전물질이 DNA로 되어 있는 바이러스도 숙주가 되는 세포에 침투해 자신의 DNA를 숙주 세포의 자원(효소, 리보솜, 아미노산 등)을 활용해 복제한다.

그런데 바이러스 가운데 DNA가 아닌 RNA로 유전물질을 구성하고 있는 것들이 있다. 이들 가운데 어떤 바이러스는 RNA를 원본으로 새 RNA 복제한다. 한편 어떤 바이러스는 RNA → DNA → RNA의 과정을 거친다. 일반적인 경로를 거슬러(retro) RNA에서 DNA가 만들어지고, DNA 형태를 가진 프로바이러스(provirus)가 숙주 세포의 DNA에 결합한다. 숙주 세포가 복제를 하면 DNA 형태로 있던 바이러스의 유전물질도 함께 복제된다. 바이러스는 자신의 성장이 유리한 환경이 되면 숙주 세포가 복제될 때 함께 복제된 자신의 DNA로 RNA를 만든다. RNA가 생겼으니 바이러스는 증식에 필요한 단백질을 만들 수 있다. 이런 방식으로 증식하는 바이러스를 레트로바이러스(retrovirus)라 부른다.

하워드 테민은 라우스 사코마 바이러스가 어떻게 증식하는지, 어떻게 정상 세포를 암세포로 바꾸는지 연구하고 있었다. 1965년 하워드 테민은 RNA 바이러스인 라우스 사코마 바이러스가 숙주 세포에 들어가 자신의 RNA를 DNA로 바꿔 숙주 세포의 DNA에 삽입된다는 프로바이러스 가설을 제시했다.

1970년 하워드 테민과 데이비드 볼티모어(David Baltimore, 1938-)는 가설을 증명해줄 역전사효소(reverse transcriptase), 즉 RNA를 주형(template)으로 DNA를 만드는 효소를 발견한다.[19] 라우스 사코마 바이러스로 레트로바이러스가 어떻게 자신을 복제하는지에 대한 핵심적인 메커니즘이 밝혀졌다. 라우스의 주장대로 대부분의 암이 레트로바이러스 때문에 일어난다면, 그리고 바이러스 증식에 필수적인 역전사효소를 억제하는 화합물을 만들어낼 수만 있다면, 암을 치료하는 기적의 약을 만들 수 있을지 모른다는 기대가 자리를 잡았다.

그러나 지나치게 낙관적인 기대였다. '암과의 전쟁'이 시작된 1970년대 초에도 이미 대부분의 암은 전염병이 아니라는 것 정도는 알려져 있었다. 바이러스 감염으로 암이 발생한다면 대부분의 암은 병원체인 바이러스 전달로 전염되어야 하지만, 자궁경부암 등 일부를 제외하고는 암 전염 보고는 많지 않았다.

그림에도 라우스 사코마 바이러스가 암을 일으키고, 이 바이러스가 레트로바이러스이며, 레트로바이러스 증식에 역전사효소가 필요하다는 발견이 나오자, 많은 연구자들은 레트로바이러스 연구에 뛰어들었다. 연구자들은 미국 연방정부가 선포한 암과의 전쟁으로 풀린 막대한 연구비를 이용해, 인간에게 암을 유발하는 레트로바이러스를 찾기 시작했다. 그러나 기대와는 다르게 인간에게 암을 일으키는 레트로바이러스는 거의 발견하지 못했다. 레트로바이러스라는 주적을 설정하고 시작된 암과의 전쟁은 '사실 그런 주적의 실체는 없다'는 것만 확인하고 끝났다.[20]

단 암 유발 레트로바이러스를 찾는 연구에 들어

간 막대한 돈과 노력이 그저 낭비되기만 한 것은 아니었다. 이 과정에서 쌓인 지식은 1980년대 초 갑작스럽게 등장해 공포를 불러일으킨 에이즈(AIDS)의 병원체, HIV(human immunodeficiency virus)에 대한 대책을 찾는 데 유용하게 활용되었다.

HIV는 레트로바이러스였는데, 1970년대부터 쌓인 지식 덕분에 레트로바이러스의 증식을 억제하도록 역전사효소를 억제하는 방법을 알아낼 수 있었다. 1990년대 중반 도입된, 역전사효소 억제제와 다른 약물들을 섞어 에이즈 환자를 치료하는, 칵테일 요법(cocktail therapy 또는 HAART [highly active antiretroviral therapy])이라 불리는 항 바이러스 요법 개발은 1970년대 연구자들의 연구에 기댄 것이었다. 인류를 위협하는 '21세기의 페스트'가 될 것처럼 보이던 에이즈는, 당뇨처럼 관리 가능한 만성질환으로 분류될 수 있었다. 암과의 전쟁에서 얻은 레트로바이러스에 대한 지식 덕분이었다. 과학 연구가 예상치 못한 효과를 가져다 준 대표적인 사례다.

사람에게 암을 일으키는 레트로바이러스를 찾아내

영국의 싱어송라이터이자 그룹 퀸(Queen)의 리드보컬 프레디 머큐리. HIV에 감염된 그는 1991년 에이즈로 사망해 팬들에게 충격을 주었다.

지는 못했지만, 1970년대 암과의 전쟁에서 얻은 연구 결과들은 암의 원인을 분자 수준에서 알아내는 데도 기여했다. 물론 이 지식들은 암 치료제 개발의 중요한 밑바탕이 된다.

1976년, UC샌프란시스코의 해럴드 바머스(Harold E. Varmus, 1939-)와 존 마이클 비숍(John Micheal Bishop, 1936-) 연구팀은 라우스 사코마 바이러스에 있는 암 유발 유전자인 *v-src*와 거의 비슷한 유전자인 *c-src*이 암에 걸리지 않은 정상 세포에도 있다는 것을 발견했다.[21] *c-src* 유전자에서 만들어지는 Src 단백질은 세포 증식이나 분화 등에 필요한 세포신호전달 과정에 참여한다. '바이러스에서 유래한(viral) *src* 유전자'인 *v-src* 유전자와, '세포에서 유래한(cellular) *src* 유전자'인 *c-src* 유전자는 놀랄 만큼 비슷했고, *v-src* 유전자의 길이가 *c-src* 유전자보다 약간 짧을 뿐이었다. 그리고 이 작은 길이의 차이가 암을 일으키는 결정적인 요인이었다.[22]

*c-src*에는 있지만 *v-src*에는 없는 바로 그 부분에

527번 타이로신(Y527)이 있었다. 단백질을 구성하는 아미노산 가운데 타이로신(tyrosine)이 있다. 타이로신은 단백질 인산화효소(protein kinase)에 의해 인산기가 결합된다. 몸속에서 타이로신이나 세린(serine)에 인산기가 결합되면 특정 단백질의 기능을 조절할 수 있다. 인산기가 결합하면 스위치를 끄듯이 단백질이 기능하지 않고, 인산기가 제거되면 스위치를 켜듯이 단백질 기능이 활성화되는 것이다. 이렇게 인산화에 의해 단백질의 기능이 조절되는 것을 단백질 인산화(protein phosphorylation)라고 부르며, 생명 활동을 조절하는 중요한 메커니즘이다.

    Src 단백질에서는 527번 타이로신이 단백질의 기능을 끄는 스위치 역할을 한다. 527번 타이로신에 인산기가 붙으면 c-Src 단백질의 활성은 억제된다. 인산기가 붙는 것이 단백질의 스위치를 끄는 역할이다. 그런데 527번 타이로신이 없는 *v-src* 유전자에서 만들어진 v-Src 단백질은 기능을 끄는 스위치가 없는 셈이다. v-Src 단백질은 조절되지 않아 스위치가 계속 켜져 있는 상태가 된다. 라우스 사코마 바이러스에 의해 감염된 세포는 스위치가 항상 켜져 있는 v-Src 단백질을 가지게 되고, 이로 인해 세포분열을 조절하는 기능이 망가진다. 라우스 시코마 바이러스가 가진 v-Src 단백질은 세포를 계속 증식시켜, 결국 암세포가 된다.

바머스와 비숍이 발견한 *v-src* 유전자는 암 유전자(oncogene)라고 부르는 암을 유발하는 유전자 가운데 거의 처음으로 발견된 것이다. 암 유전자는 정상 세포에 있는 원암 유전자(proto-oncogene)가 변형된 것이다.(정상 세포에 있는 *c-src* 유전자가 원암 유전자, 바이러스에 있는 *v-src* 유전자가 암 유전자다.) 보통 원암 유전자에는 필요할 때만 단백질이 기능하도록, 일종의 브레이크 역할을 하는 부분이 있다. 이 브레이크 영역이 고장나면 (즉 유전자에 변형이 생기면) 암 유전자가 된다. 세포의 증식을 조절하는 단백질이 고장나면 활성이 조절되지 않아 브레이크 없이 폭주한다. 그 결과 세포가 무한히 증식하면서 암으로 자란다. 바머스와 비숍의 연구는 암이 생기는 메커니즘을 단백질 분자 수준에서 확인한 첫 사례였다.

라우스 사코마 바이러스가 닭한테 암을 일으키고, 암에서 얻은 추출물이 전염력을 가졌던 것도, 라우스 사코마 바이러스에 있는 암 유전자 문제였다. 원래 닭의 유전체에 있던 정상 유전자가 암을 일으키도록 변형되고, 변형된 유전자가 바이러스 유전체에 올라 타 다른 닭에 전달되어 암이 발생했던 것이다. 라우스 사코마 바이러스를 이용한 암 유전자 연구는, 암이 원래 우리 몸에 있는 유전자 이상으로 일어난다는 것을 확인해주었다. 암이 염색체 변형으로 일어나는지, 바이러스 같은 병원체 감염으로 일어나는지에 대한 오랜 논쟁은, 염색체 변형이든 바이러스 감염이든, 암을 일으키는 데 관여하는 유전자의 변형으로 암이 일어난다는 것으로 결론 났다.

BCR/ABL

이야기는 다시 필라델피아 염색체로 돌아온다. 생물학에서 새로운 과학적 발견은, 새로운 관찰을 가능케 하는 신기술의 개발이나 기존 기술의 발전 덕분인 경우도 많다. 염색체 염색 기술이 발전하면서 사람의 염색체를 서로 구분할 수 있었고, 염색체에서 일어나는 세부적인 변화를 좀더 구체적으로 관찰할 수 있게 되면서 필라델피아 염색체에 대한 새로운 사실을 알 수 있게 되었다.

1971년, 시카고 대학의 재닛 로울리(Janet D. Rowley, 1925-2013)는 자신이 개발한 새로운 염색 기술로 필라델피아 염색체를 이전보다 좀더 자세히 관찰할 수 있었다.[23] 관찰한 결과, 사람의 22번 염색체 일부분이 9번 염색체의 끝으로 옮겨가서 필라델피아 염색체가 생긴다는 것을 알게 되었다. 필라델피아 염색체가 정상적인 22번 염색체보다 작았던 이유는 22번의 염색체의 일부가 9번으로 옮겨갔기 때문이었다. 22번 염색체가 절단되어 9번 염색체와 만나는 영역은 특정한 곳에 집중되어 있었다. 이렇게 22번 염색체에서 절단이 일어나는 부분을 breakpoint clustered region, 줄여서 BCR이라고 불렀다.[24]

재닛 로울리가 필라델피아 염색체에서 일어나는 염색체 변형의 정체를 밝히기 1년 전, 허버트 아벨손(Herbert T. Abelson, 1941-)은 쥐에서 임파종을 일으키는 아벨손 쥐 백혈병 바이러스(abelson murine leukemia virus)를 발견했다.[25] 이 바이러스도 라우스 사코마 바이러스처럼 유전체가 RNA로 된 레트로바이러스였다. 아벨손이 발견한 바이러스에는 *v-abl*이라는 암 유전자가 있었다. 이 유전자와 거의 비슷한 원암 유전자가 필라델피아 염색체에서 22번 염색체와 만나게 되는 9번 염색체에 있다는 것이 1982년에 확인되었다.[26]

9번 염색체와 22번 염색체가 서로 연결되는 전좌(transposition) 현상이 일어나면, 9번에 있는 *ABL*과 22번 염색체에 있는 *BCR*이 만나 융합 유전자인 *BCR/ABL*을 형성해, 정상인에게는 없는 변형된 융합 단백질이 생성된다.

만성 골수성 백혈병을 유발하는 필라델피아 염색체가 9번, 22번 염색체의 전좌로 생겼다는 것을 밝혀낸 재닛 로울리

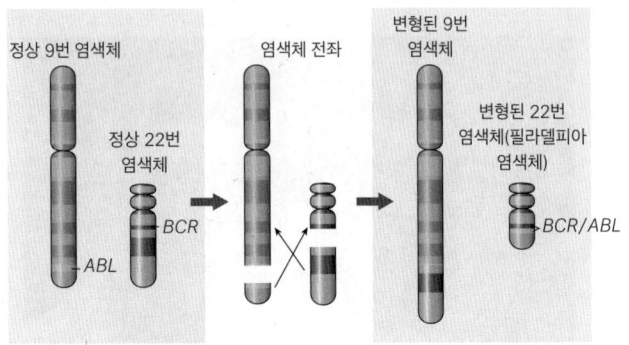

9번 염색체와 22번 염색체에 일어난 전좌로 필라델피아 염색체가 만들어진다. *BCR/ABL* 유전자는 타이로신 인산화효소가 '항상 켜져 있도록' 만든다. 타이로신 인산화효소에서 잘못된 신호를 계속 전달하면서, 세포의 조절 메커니즘이 무너진다. 이 때문에 세포는 무차별적으로 증식해 악성 종양을 유발한다.

ABL 역시 암 유전자인 *SRC*와 마찬가지로 타이로신 인산화효소를 만드는 유전자다. 그런데 만성 골수성 백혈병 환자의 BCR/ABL 단백질은 정상 세포의 *ABL* 유전자에서 발현된 단백질에 비해서 타이로신 인산화효소의 활성이 매우 높아져 있었다. 타이로신 인산화효소인 ABL의 활성을 조절하는 브레이크 부위는 단백질 앞부분에 있었는데, 이 브레이크 부분이 다른 단백질인 BCR로 바뀌면서 ABL의 브레이크가 고장난 것이었다. 타이로신 인산화효소의 활성이 높아질 수밖에 없었다.[27]

염색체 전좌로 생기는 *BCR/ABL* 융합 유전자가 만성 골수성 백혈병을 일으키는 것일까? 이를 확인하기 위하여 *BCR/ABL* 융합 유전자를 쥐에 주입해, 쥐에서 변형 단백질이 만들어지게 했다. 실험 결과 BCR/ABL 융합 단백질이 만들어진 쥐는 만성 골수성 백혈병에 걸렸다. *BCR/ABL* 융합 유전자 형성이 만성 골수성 백혈병을 유발하는 요인이라는 것을 동물실험으로 확인한 것이다.[28]

BCR/ABL 실험에서 얻은 결과는 바머스와 비숍이 발견한 *c-src*와 *v-src*의 관계와 비슷했다. 두 유전자 모두 타이로신 인산화효소 유전자였고, 세포 내 신호전달 과정에서 매개체로 사용되는 타이로신 인산화효소가 '항상 켜져 있도록' 변형되어 암 유전자로 작동했다.[29]

라우스 사코마 바이러스 연구와 필라델피아 염색체의 연구는, 서로 다른 두 종류의 암이 비슷한 메커니즘으로 생긴다는 것을 알려주었다. 서로 다른 두 가지 암은, 모두 암을 유발하는 유전자 변형에 의한 것이었고, 유전자 변형은 세포 신호전달 과정에서 신호전달을 하는 분자 단위 스위치가 항상 켜져 있게 바뀐 것이었다.

자기 자신의 증식에만 신경 쓰는 단세포 생물과 달리, 다세포 생물은 자신을 구성하고 있는 여러 종류의 세포 증식을 엄격하게 통제해야 한다. 증식이 필요할 때는 세포분열을 시작하여 세포 수가 늘어나야 하지만, 성장이 끝나면 세포분열은 멈춰야 한다. 세포가 분열해서 증식하는 것과 증식을 멈추는 통제다. 이런 통제는 세포 외부 환경에서 온 '신호'를 감지해 세포 안으로 전달해

주는 신호전달체계로 조절되며, 타이로신 인산화효소는 신호전달체계에서 중요한 역할을 한다. 그런데 유전자 이상으로 타이로신 인산화효소에 변형이 일어나 세포가 증식할 필요가 없는데도 증식하라는 잘못된 신호를 전달하면, 조절 메커니즘이 무너지고 세포가 무차별적으로 증식해 악성 종양이 된다. 이러한 암 생물학 패러다임은 1980년대 중반에 정립된다.

이제 암의 발생 원인을 분자생물학 연구로 규명할 수 있게 되었다. 암세포에만 있는 비정상 단백질(BCR/ABL)이 만성 골수성 백혈병을 유발한다면, 이 단백질의 기능을 억제하면 만성 골수성 백혈병을 치료할 수 있지 않을까? 게다가 만성 골수성 백혈병은 *BCL/ABL*이라는 하나의 유전자의 변형이 원인이었다. 여러 가지 신호전달체계의 변형이 복합적으로 얽혀 있는 다른 암에 비하면 상대적으로 간단한 고장이었다. 특징된 암을 일으키는 '고장'이 무엇인지 파악했다면, 이러한 '고장'을 특이적으로 고쳐 해당 암에 특이적으로 작용하는 '표적항암제'를 만들 수 있지 않을까? 이후 여러 종류의 암에 대해 좀더 많이 알게 되면서 처음에 가졌던 표적항암제에 대한 기대가 과했다는 것을 깨닫게 된다. 그럼에도 정상 세포와는 다른 암의 특이점을 찾아 공격하면 암을 치료할 수 있을 것이라는 희망이 구체화되기 시작했다.

CGP57148

고대 이집트 파피루스 기록에서 시작해, 암의 발생 원인을 예측한 테어도어 보베리, 만성 골수성 백혈병 환자에 필라델피아 염색체라는 것이 있다는 것을 발견한 피터 노웰과 데이비드 헝거포드, 암을 유발하는 라우스 사코마 바이러스를 발견한 페이튼 라우스, 바이러스에 의한 암 연구의 문을 연 하워드 테민, 최초로 암 유전자를 발견한 해럴드 바머스와 존 마이클 비숍, 필라델피아 유전자의 비밀을 밝힌 재닛 로울리 등을 포함한 수많은 연구자들의 노력으로, 만성 골수성 백혈병이 *BCR/ABL*이라는 융합 유전자에 의해 발생한다는 발견에 이르렀다. 적어도 만성 골수성 백혈병이라는 한 가지 암만큼은 분자 수준에서 발생 원인을 알게 되었다. 이제 암을 치료하는 실질적인 방법을 찾는 단계가 되었다.

1980년대 중반이 되면서 단백질 인산화에 대한 전반적인 그림이 그려졌다. 단백질 인산화효소는 단백질을 구성하는 아미노산에 인산기(phosphate)를 결합하는 효소다. 단백질을 구성하는 아미노산인 세린(serine), 트레오닌(threonine), 타이로신(tyrosine)에 있는 히드록시기(-OH, hydroxyl residue)에 인산기가 결합된다. 단백질에 인산기가 결합되면 대개 단백질의 기능을 조절하는 스위치로 작동한다. 단백질 인산화는 인간을 포함한 진핵생물의 생명 현상을 조절하는 신호전달 과정에서 핵심적인 역할을 한다. 복잡한 전자 기기가 제 기능을 하려면 여러 부품들이 전기 신호를 주고받으면서 서로를 조절해야 한다. 사람의 몸이라는 복잡한 생체 기계를 구성하는 부품도 서로 신호를 전달하며 조절되는데, 이 과정에서 중요한 것이 단백질 인산화다.

타이로신에 인산기를 붙이는 타이로신 인산화효소

(tyrosine protein kinase)가 암 유전자를 찾는 과정에서 발견되었다면, 세린이나 트레오닌 잔기를 인산화시키는 세린/트레오닌 인산화효소(serine/threonine protein kinase)는 여러 생리 현상의 메커니즘을 파악하는 과정에서 알려졌다. 세린/트레오닌 인산화효소는 동물의 임시 에너지 저장 물질로 사용되는 글리코겐(glycogen)의 분해를 조절하는 일을 하기도 한다. 세린/트레오닌 인산화효소가 글리코겐을 분해하는 효소를 인산화해 활성화시키고, 단백질 탈인산화효소(protein phosphatase)가 인산기를 없애 비활성화 상태가 된다. 글리코겐 분해 과정은 세린/트레오닌 인산화효소에 의해서 조절된다.[30]

바이러스에서 유래한 *src* 유전자나 *BCR/ABL* 융합 유전자 등이 브레이크가 풀린 단백질 인산화효소의 폭주를 불러와 암을 일으킨다면, 폭주하는 단백질 인산화효소에 인위적으로 브레이크를 걸어 암을 억제할 수 있지 않을까 하는 아이디어가 1980년대 중반부터 나오기 시작했다.

그러나 단백질 인산화효소가 여러 암 발생에 중요한 역할을 한다는 것을 알게 된 1980년대 중반에는 또 다른 사실이 알려졌다. 인간과 같은 고등생물에는 최소 수백 가지의 단백질 인산화효소가 있다는 것을 알게 되었다. 또한 단백질 인산화효소에서 실제 단백질에 인산기를 붙이는 역할을 하는 부분인 키나아제 도메인(kinase domain)은, 수백 종의 단백질 인산화효소에서 모양이 거의 비슷했다. 세포에는 화학적으로 거의 비슷하며, 인산화 반응을 수행하는 수백 종류의 단백질 인산화효소가 있으니, 암 유발에 관여하는 단백질 인산화효소만을 특이적으로 억제하는 것은 쉽지 않아 보였다.

단백질 인산화효소의 기능을 억제해 암세포의 증식을 막으려면, 단백질 인산화효소에서 실제 인산화를 수행하는 키나아제 도메인에 선택적으로 결합해 효소의 기능을 막는 인산화효소 저해제(kinase inhibitor)가 필요하다. 그러나 단백질 인산화효소의 키나아제 도메인들이 대부분 비슷하게 생겼으므로, 키나아제 도메인에 결합하여 활성을 저해하는 화합물은 다른 단백질 인산화효소까지 저해할 가능성이 높다. 암과 관계된 단백질 인산화효소의 저해제를 투여했는데, 원하는 단백질 인산화효소가 아닌 죄 없는(?) 다른 단백질 인산화효소까지 저해할 수 있었다. 부작용과 독성이 나타나는 것이다. 이런 이유로 연구에는 단백질 인산화효소를 타깃하는 약물 개발에 부정적인 학자들도 많았다.

그러나 시도해보기 전에는 알 수 없는 일이다. 1980년대 초가 되자, 암을 치료하는 단백질 인산화효소 저해제를 찾으려는 연구자들이 나타나기 시작했다. 처음에는 주로 천연물에서 유래한 단백질 인산화효소 저해제에 관심이 쏠렸다. 1977년, 사토시 오무라(大村智, 1935-)가 미생물 스트렙토마이세스(streptomyces)에서 유래한 물질인 스타우로스포린(staurosporine)을 찾았다.

사토시 오무라가 찾은 스타우로스포린은 단백질 인산화효소를 강력하게 저해했지만, 세린/트레오닌 인산화효소와 타이로신 인산화효소를 가리지 않고 저해해 의약품으로 사용하기는 어려웠다.[31] 이후 에브스타틴(erbstatin), 타이포스타틴(tyrphostins) 등 타이로신 인산화효소 저해 화합물이 소개되었다. 그러나 이들은 단백질 인산화효소를 저해하는 활성이 낮았고, 선택성도 낮았기 때문에 약물로써 큰 가치가 없었다.[32]

타이로신 인산화효소 저해 약물을 개발하려는 연구자들의 노력은 계속되었다. 브라이언 드러커(Brian Druker, 1955-)는 UC샌디에이고 의과대학을 졸업한 종양내과의사였다. 1980년대 초반 브라이언 드러커 같은 종양내과의가 항암화학치료에 쓸 수 있는 약물은 플루오로우라실(5-flurorouracil), 독소루비신(doxorubicin), 타목시펜(tamoxifen) 정도였다. 이 화학요법(chemotheraphy) 항암제는 주로 세포분열을 억제한다. 정상 세포에 비해 암세포는 증식 속도가 빠르다. 따라서 세포분열을 억제하는 약물로 조절하면 정상 세포보다 암세포가 더 큰 타격을 받아 항암 효과를 내는 원리다.

그러나 이 물질들은 암세포를 공격하면서 정상 세포도 함께 공격하는 비선택적인 독성 물질이었고 부작용이 컸다. 브라이언 드러커는 암과 싸우기 위해서 쓸 수 있는 당시의 '무기'라는 것들이 암세포와 정상 세포도 구분하지 못한다는 현실에 답답했다. 암을 선택적으로 공격해 치료하려면, 암이 정상 세포와 어떻게 다른지 알아야 했다. 즉 암에 대한 기초 연구 경험이 필요했다. 브라이언 드러커는 임상의로 훈련받았기에 별다른 연구 경험이 없었지만, 단백질 인산화효소 연구자인 토머스 로버츠(Thomas M. Roberts) 연구실에 박사후 연구원(post doctor)으로 합류하여 기초 연구에 발을 담그기로 한다.

드러커는 박사후 연구원으로 일하면서 타이로신 인산화효소가 만들어내는 산물인 인산화 타이로신(phospho-tyrosine)이 생성되었는지를 확인하는 방법을 고안했다. 그는 연구실 동료와 함께 단백질 내의 인산화된 타이로신을 선택적으로 인식하는 단일클론항체를 개발했다.[33] 이전까지는 방사성 동위원소로 표지된 ATP를 이용해 단백질의 타이로신에 인산기가 붙었는지 검출했다. 그러나 이 방법은 실험 과정이 번거로워, 약물을 찾아내는 데 필요한 대량 활성 측정에 쓰기 어려웠다. 그런데 항체를 이용하면 간단하게 단백질의 타이로신이 인산화되었는지 확인할 수 있었고 타이로신 인산화효소의 활성도 쉽게 측정할 수 있었다. 브라이언 드러커의 연구는 대서양 반대편에서 단백질 인산화효소 저해제를 찾던 사람들의 관심을 끌었다. 시바-가이기(Ciba-Geigy)의 연구자들이었다.

1980년대 초반, 스위스 바젤에 있던 제약기업 시바-가이기에서도 단백질 인산화효소를 약물 타깃으로 활용할 수 있을 것이라 상상했던 연구자들이 있었다. 시바-가이기 소속 연구자인 스위스 출신 의사 알렉스 매터(Alex Matter, 1940-)도 1970년대부터 1980년대까지 쏟아져 나온 여러 단백질 인산화효소 연구에 관심이 많았다. 알렉스 매터와 시바-가이기의 생화학자 니컬러스 라이던(Nicholas Lydon) 등이 참여한 연구팀은 단백질 인산화효소를 억제하는 화합물 개발에 노전했다.

단백질 인산화효소를 특이적으로 억제하는 화합물을 만들려면, 먼저 시험관 안에서 단백질 인산화효소가 단백질에 인산기를 얼마나 붙이는지 정확하게 측정해야 한다. 이를 위해 대량으로 정제된 단백질 인산화효소와, 단백질 인산화효소의 활성을 확인할 수 있는 측정 방법(assay method)이 필요했다. 그래야만 수천 종류의 후보 물질 가운데 단백질 인산화효소를 억제하는 적당한 화합물을 찾아낼 수 있다.

우선 단백질 인산화효소를 대량으로 얻기 위해서 재조합 DNA 기술을 이용했다. 재조합 DNA 기술은 DNA의 일부를 잘라내어 대장균과 같은 숙주에 이식하고, 숙주를 배양해 원하는 DNA를 대량으로 복제하는 기술이다. 당뇨병 환자에게 처방하는 인슐린의 대량생산도 이런 재조합 DNA 기술을 이용한다. 재조합 DNA 기술은 1980년대 이후에 개발되었기에, 시바-가이기의 연구자들도 이용할 수 있었다.

그런데 연구팀이 표적으로 삼았던 단백질 인산화효소 가운데 바이러스에서 유래한 ABL 단백질인 v-abl을 뺀 대부분의 단백질 인산화효소는 대장균에서 제대로 만들어지지 않았다. 세균인 대장균과 동물 세포의 환경은 다르다. 비교적 간단한 단백질인 인슐린과는 달리 복잡한 단백질인 단백질 인산화효소는 대장균에서 제대로 된 입체 구조를 형성하지 못했고, 잘 만들어지지 않는 경우가 많았다.

이때 시바-가이기 연구팀은 브라이언 드러커가 일하던 토머스 로버츠 연구실에서 개발한 곤충 바이러스(baculovirus)와 곤충 세포를 이용한 단백질 발현 시스템을 알게 되었다. 동물 세포와 비슷한 환경을 가지고 있는 곤충 세포를 이용한 재조합 단백질 생산 시스템이었다. 이 시스템으로 시바-가이기 연구팀은 표적으로 삼았던 단백질 인산화효소 대부분을 성공적으로 만들 수 있었고, 이들을 저해하는 활성 저해 물질을 탐색할 수 있었다.[34]

다음으로 시바-가이기 연구팀은 드러커가 개발한 인산화된 타이로신을 특이적으로 인식하는 항체로 효소면역측정법(enzyme-linked immunosorbent assay, ELISA) 방식의 타이로신 인산화효소 활성 측정법을 만들었다. 이 방법으로 수천 종류의 화합물이 어느 정도 타이로신 인산화효소의 활성을 저해하는지를 검사할

수 있었다.[35]

1990년대 초, 시바-가이기 연구팀에서 항 염증 활성을 가지는 물질을 가려내던 유르크 치머만(Jürg Zimmermann)과 토마스 마이어(Thomas Meyer)는 세린/트레오닌 단백질 인산화효소인 PKC(protein kinase C)를 저해하는 화합물을 발견했다.[36] 이 화합물은 기존에 발견된 천연물 유래 단백질 인산화효소 저해 화합물보다 구조가 간단했다. 덕분에 의약품으로 개발하기 위한 물질의 기초가 되는 선도 화합물(lead compounds)이 되기 적합했다.

유르크 치머만과 토마스 마이어가 찾은 선도 화합물의 단백질 인산화효소 저해 능력은 그리 높지 않았다. 또한 세린/트레오닌 인산화효소와 타이로신 인산화효소를 동시에 저해했다. 선택성이 떨어지는 화합물이었으므로 곧바로 약물로 사용하기는 어려웠다. 그러나 선도 화합물을 바탕으로 여러 변형 화합물을 합성해, 약물로 적합한 화합물을 찾는 일을 시작할 수 있었다.

시바-가이기 연구팀은 이 선도 화합물을 여러 형

태로 변형시켰다. 연구팀은 선도 화합물에 있는 페닐기에 메틸기를 도입했을 때, PKC에 대한 활성이 사라지고 타이로신 인산화효소에 대한 활성만 남는 것을 확인했다. 한편 벤자미드기를 도입하면 타이로신 인산화효소에 대한 특이성이 더 높아졌다. 세린/트레오닌 인산화효소를 저해하지 않고 타이로신 인산화효소만 저해할 수 있게 된 것이다. 여기에 N-메틸피페라진을 도입하자 화합물의 수용성이 올라갔다. 수용성이 올라가 물에 잘 녹으면, 먹는 약으로 만들었을 때 활성이 올라간다는 장점이 있다. 시바-가이기 연구팀은 이렇게 여러 단계 시도를 거쳐 ABL 인산화효소를 저해하는 능력이 높은 화합물을 만들었다.

최종 화합물의 코드는 CGP57148이었다. CGP57148은 ABL을 포함한 몇 가지 타이로신 인산화효소만 억제했다. 다른 대부분의 타이로신 인산화효소에는 그다지 반응하지 않았다.[37] 시바-가이기 연구팀은 오리건 보건과학대학에 새로 부임해 자신의 연구실을 갖춘 드러커에게 CGP57148을 보내주었다. 드러커는 시험관 속 환경(in vitro)에서 ABL 인산화효소를 저해하는 능력이 확인된 CGP57418이 세포 수준에서도 BCR/ABL을 억제하는지 확인해보았다.

드러커의 연구실에서는 BCR/ABL이 많이 만들어지도록 조작된 세포와 그렇지 않은 세포에 CGP57148을 처리했다. CGP57148은 BCR/ABL이 많은 세포에서는 세포를 죽이지만, 그렇지 않은 세포에는 전혀 영향을 주지 않았다. 이 결과는 CGP57148을 세포에 처리하면, 필라델피아 염색체를 가진 만성 골수성 백혈병 환자의 암세포처럼 BCR/ABL이 많이 만들어지는 세포를 선택적으로 죽여 항암 효과를 볼 수 있을 것이라는 가능성을 보여주었다.

시험관 수준과 세포 수준에서 BCR/ABL을 저해한다는 것을 확인했다. 이제는 동물실험으로 항암 효과를 확인할 차례였다. 드러커의 연구실에서는 *BCR/ABL* 유전자나 다른 암 유전자인 *src*를 많이 만들도록 조작된 암세포를 실험용 쥐에 주입해 CGP57148의 효과를 지켜보았다. 시험관에서 배양한 세포주에서의 실험 결과와 마찬가지로 CGP57148을 쥐에 투여했을 때 항암 효과가 있었으며, 약물 투여량이 늘어남에 따라서 항암 효과가 커졌다. CGP57148은 실험 동물 내(in vivo)에서도 BCR/ABL이 많이 만들어지는 암세포를 효과적으로 제거하는 능력이 있었다. 이러한 결과들은 1996년 『네이처 메디신(Nature Medicine)』을 비롯한 여러 저널에 발표되었다.[38] 그러나 동물실험인 전임상(pre-clinical) 단계의 결과였을 뿐이다. 실제 환자를 치료하는 약물이 되려면 아직도 갈 길이 멀었다.

글리벡®

암세포를 특정해 사멸시키는 화합물을 찾았지만, 약으로 만들기 위한 첫 단계부터 문제가 생겼다. 연구팀은 CGP57148을 주사제 형태로 개발하기 시작했다. 그런데 주사제 안에서 약물이 가라앉는 문제가 생겼다. 약물이 가라앉아 주사제 성분이 고르지 못했고, 독성 문제가 발생했다. 이에 따라 주사제가 아닌 경구투여제, 즉 먹는 약 형태로 바꿔야 했다. 결과적으로는 좋은 일이었다. 주사제가 아닌 경구투여제로 만들면, 더 많은 환자에게 간편하게 투여할 수 있기 때문이다.

두 번째 문제는 동물 독성실험 과정에서 나타났다. 그때까지 어떤 약물도 단백질 인산화효소를 타깃으로 만들어진 적이 없었다. 그런데 고등생물에는 수백 개가 넘는 단백질 인산화효소가 있고, 이들이 어떻게 작동하는지 아직 정확하게 모르는 상황이었다. 독성이나 부작용에 대한 걱정의 목소리가 나왔고, 개발 속도는 느려졌다. 특히 초기에 진행된 개를 대상으로 한 독성실험에서 간과 신장에 독성이 나타나는 것이 관찰되었고, 개발은 중단되었다.[39] 나중에 원숭이와 래트(실험용 쥐 가운데 한 종류)를 이용한 면밀한 독성실험에서 이러한 독성이 개에서 특이적으로 나타난다는 것을 확인했지만 걱정스럽기는 마찬가지였다.

가장 큰 문제는 만성 골수성 백혈병이 발생 빈도가 낮은 암이라는 것이었다. 2017년 미국을 기준으로 만성 골수성 백혈병은 전체 암에서 0.5%를 차지했다.[40] 전체 백혈병 환자 가운데 만성 골수성 백혈병으로 분류되는 환자도 10% 정도였다. 막대한 신약 개발비를 생각하면 과연 이렇게 적은 수의 환자에게만 효과가 있는 약을 개발해 수지타산을 맞출 수 있을까에 대한 경영진의 불안은 컸다. 게다가 시바-가이기는 1996년 산도스(Sandoz)와 합병해 노바티스(Novartis)가 되었다. 합병, 조직 개편, 연구 인력 변동 등으로 연구 개발은 제 속도를 낼 수 없었다.

이를 지켜보던 브라이언 드러커는 1995년부터 1997년 사이에 노바티스가 있는 스위스와 자신의 연구실이 있는 오리건을 수없이 오가며 노바티스를 설득했다. 노바티스에서 약물을 개발하지 않을 것이라면 자기 집 지하실에서라도 개발을 계속할테니 라이선스를 드러커 자신에게 달라고 배수의 진까지 쳤다.[41] 1998년, 노바티스는 사람을 대상으로 한 임상1상에 들어가기로 했다. 노바티스는 임상시험을 위해 약간의 CGP57148을 합성했는데, 이는 약 100명 정도의 환자들에게 투여

자신이 개발한 만성 골수성 백혈병 치료제 글리벡®에 대해 설명하고 있는 브라이언 드러커

할 수 있는 양이었다.

임상1상에 참여한 만성 골수성 백혈병 환자는 모두 83명이었다. 만성 골수성 백혈병 환자들은 매일 25mg부터 1,000mg까지 STI571(CGP57148의 새 이름)을 투여받았다. 보통 임상1상에서는 약물의 투여량을 높여가면서 독성이 나타나는 수준과 투여량에 따른 약효를 확인한다. STI571의 투여량이 높아지면서, 즉 임상시험에 참여한 환자들에게 투여하는 약물의 농도가 올라갈수록 혈중 백혈구 수가 감소했다.

매일 300mg씩 약물을 투여받은 환자 54명 가운데 53명에게서 동일한 효과가 나타났다. 300mg 이상의 고농도 투여자들의 세포에서는 필라델피아 염색체를 가진 암세포가 사라지기 시작했고, 7명에게서는 암세포가 완전히 사라졌다. 우려했던 부작용은 1,000mg까지 약물의 투여량을 높였음에도 그리 크지 않았다.

1999년, 미국 혈액학회(American Society of Hematology)에서 소개된 STI571의 임상시험 결과는 학회에서 많은 관심을 끌었고, 결과는 2001년 『뉴잉글랜드 의

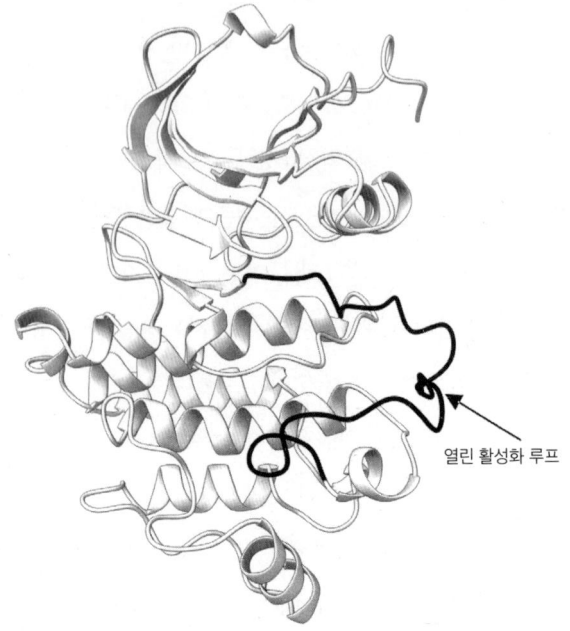

열린 활성화 루프

활성화된 단백질 인산화효소

활성화된 단백질 인산화효소(위)는 활성화 루프가 열려 있어 인산화될 단백질이 결합할 수 있다. 이마티닙(글리벡®)이 결합한 ABL 단백질 인산화효소(오른쪽)의 활성화 루프는 닫혀 있다. 이마티닙은 단백질 인산화효소의 활성화 루프가 열리지 못하게 하는 것이다.

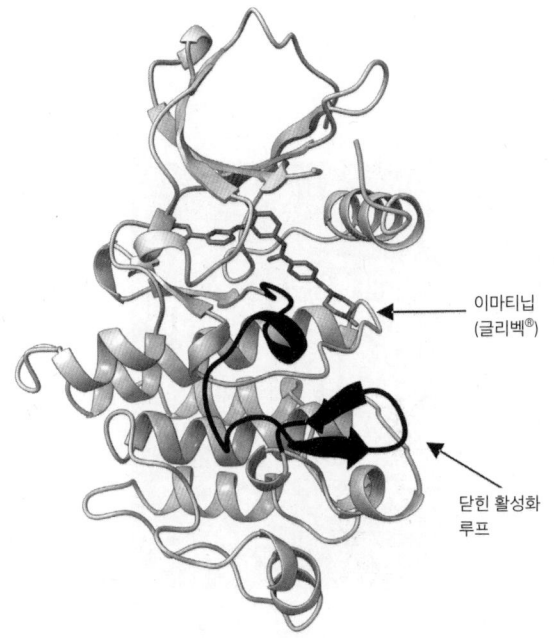

이마티닙이 결합한 ABL 단백질 인산화 효소

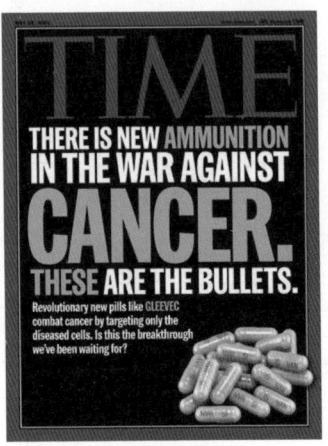

2001년 5월 미국 『타임』 표지.
"암과의 전쟁에 새로운 총알이 나타났다."

학 저널(*New Englang Journal of Medicine*)』에 발표되었다.[42] '만성 골수성 백혈병을 치료하는 기적의 약'에 대한 소식은 환자들 사이에서 퍼져나갔다.

더 많은 환자를 대상으로 약물의 효능을 본격적으로 검증하는 임상2상이 시작되었다. 532명의 환자는 매일 400mg의 STI571을 투여받았다. 임상시험에 참여한 환자 가운데 95%의 환자에게서 백혈구 수 감소가 나타났고, 60%의 환자에게서 필라델피아 염색체를 가진 세포가 감소하는 것이 관찰되었다. 약물 투여를 시작한 지 18개월 후에 89%의 환자는 병세가 더 이상 심해지지 않았으며, 95%의 환자가 생존했다. 그때까지 만성 골수성 백혈병의 표준적인 치료법이었던 인터페론을 사용한 대조군에서 73.6%의 환자가 생존했던 것에 비해 통계적으로 유의미하게 생존율이 높았다.[43]

STI571은 임상2상을 끝내고 이마티닙(Imatinib)이라는 성분명을 얻었다. 미국 FDA는 2001년 5월 이마티닙을 성분으로 하는 글리벡®(Gleevec®)을 만성 골수성 백혈병 환자의 1차 치료제로 승인했다. 임상시험을 시작하고 3년 반 만에 FDA 허가를 얻은 것은 이례적으로 빠른 것이었다.

글리벡® 승인 이후 5년이 지난 2006년에, 글리벡®을 투여하기 시작한 지 5년이 지난 환자를 추적한 연구가 발표되었다. 글리벡®을 투여받은 지 12개월 이내의 환자 혈액에서 필라델피아 염색체가 들어 있는 암세포가 사라진 경우는 69%였다. 글리벡®을 투여받기 시작한 지 5년이 지나자 87%의 환자에게서 필라델피아 염색체를 가진 암세포가 사라졌다. 일반적인 화학요법치료를 받은 환자의 5년 후 생존율은 50% 미만이었지만, 글리벡® 투여 환자는 95% 이상이 5년 후에도 살았다.[44] 이제 필라델피아 염색체에 의해서 일어나는 만성 골수성 백혈병에 대해서만큼은 확실한 치료 수단을 가지게 되었다.

글리벡®은 최초의 단백질 인산화효소 저해제이자 최초의 표적항암제다. 글리벡® 개발을 주저하던 노바티스 경영진의 걱정대로, 만성 골수성 백혈병은 미국 기준 전체 암 환자의 0.5%에 불과한 희귀 암이다. 그러나 글리벡®은 암에 나타나는 특이적인 분자 타깃을 억제하는 화합물을 이용하면, 큰 부작용이 없이 암을 치료할 수 있는 표적항암제가 가능하다는 것을 실제로 보여준, 개념증명(proof of concept) 사례가 되었다.

글리벡® 이후

글리벡®은 극적인 치료 효과를 보이며 성공했다. 그런데 연구팀은 STI571이 임상시험에 들어갈 때까지도 이 치료제의 정확한 작동 메커니즘을 몰랐다. 화합물(약)이 어떻게 단백질(암)과 결합해 억제하는지 정확하게 알려면, 화합물과 단백질이 결합한 복합체의 구조를 밝혀야 한다. 임상2상을 진행하던 2000년까지도 STI571과 타깃 단백질인 BCR/ABL과의 결합 구조는 알려지지 않았다. 단백질 인산화효소들의 구조가 대부분 비슷하고, 단백질에 인산을 전달하는 ATP가 붙는 부위가 다양한 단백질 인산화효소에 보존되어 있다는 점을 생각하면, 아마 STI571은 활성화된 단백질 인산화효소의 ATP 결합 부위에 결합하지 않을까 하는 예측 정도가 전부였다.[45] 그러나 2000년 버클리 대학 존 쿠리안(John Kurian) 연구실에서 처음으로 밝힌 STI571과 ABL 인산화효소와의 결합 구조는 예상 밖의 것이었다.

STI571은 활성화된 단백질 인산화효소에 결합해 활성을 억제하는 것이 아니었다. STI571는 불활성화된 ABL 인산화효소에 결합해 있었다.[46] 이제 글리벡®이 BCR/ABL을 포함한 몇 개의 인산화효소에만 특이적으로 작용하는 이유를 설명할 수 있었다. 대부분의 단백질 인산화효소는 활성화된 상태에서 모양이 거의 비슷하다. 따라서 어떤 단백질 인산화효소에 결합하는 저해 물질은 다른 단백질 인산화효소에 결합할 수 있고, 원하지 않는 다른 단백질 인산화효소를 저해하여 부작용을 일으킬 가능성이 높다.

그러나 단백질 인산화효소는 불활성화된 상태에서 상대적으로 다양한 구조를 가지며, 글리벡®은 불활성화된 ABL에만 특이적으로 결합해 다시 활성화되는 것을 막는다. 이렇게 ABL 활성을 억제하기 때문에, 불활성화된 ABL과 비슷한 구조의 몇 가지 단백질 인산화효소에만 효과를 보이는 특이적인 단백질 인산화효소 저해제가 된 것이다.

구조생물학적 연구는 글리벡®에 내성을 가지는 만성 골수성 백혈병의 메커니즘도 설명해주었다. 또한 차세대 화합물을 개발하는 데 힘을 보탰다. 만성 골수성 백혈병은 만성기(chronic phase)와 급성기(blast phase)로 나뉜다. 만성기의 만성 골수성 백혈병은 순전히 필라델피아 염색체와 *BCR/ABL* 유전자 유무에 따라 결정되며 진행된다. 급성기의 만성 골수성 백혈병은 필라델피아 염색체 형성에 의한 BCR/ABL 단백질 형성 말고도 다른 유전적인 변형을 가진다. 첫 글리벡® 임상시험은 만성기 만성 골수성 백혈병 환자를 대상으로만 진행되었다. 이후 급성기 만성 골수성 백혈병 환자에게 글리벡®을 투여했을 때, 만성기 환자만큼은 아니지만 상당한 효과가 있다는 임상시험 결과가 보고되었다. 그런데 항암 효과를 보였던 급성기 환자들 가운데 많은 환자들에게서 백혈병이 다시 진행되기 시작했다. 글리벡®을 다시 투여했지만 증상이 나아지지 않았다. 내성이 생긴 것이다.

급성기 만성 골수성 백혈병 환자에게 글리벡® 내성이 생기는 이유를 놓고 여러 가지 해석이 나왔다. 대표적인 해석은 급성기로 전이할 때 다른 유전자 변형이 생기고, 글리벡®이 BCR/ABL 단백질을 저해해도 새 유전자 변형으로 계속 암세포가 자란다는 설명이었다. 또 다른 설명은 *BCR/ABL* 유전자 자체가 변형되어 더 이상 글리벡®이 BCR/ABL 단백질에 결합하지 못한다는 것이었다. 앞의 이론이 옳다면 글리벡®에 내성이 생긴 만성 골수성 백혈병은 BCR/ABL 단백질을 저해하는 것만으로는 치료가 불가능하다. 뒤의 이론이 옳다면 변형된 BCR/ABL 단백질을 저해하는 새로운 화합물을 찾아 내성을 극복할 수 있을 것이다.

글리벡® 임상 연구 초반부터 드러커와 협력하며 연구했던 UCLA의 찰스 소이어스(Charles L. Sawyers, 1959-) 연구팀은 글리벡®에 내성이 생기면 대부분 후자, 즉 *BCR/ABL* 유전자 변형으로 생긴다는 것을 밝혔다.

찰스 소이어스 연구팀은 글리벡®에 내성이 생긴 9명의 환자 가운데 6명의 *BCR/ABL* 유전자에서 동일한 위치에 돌연변이가 생긴 것을 확인했다.[47] 한편 *BCR/ABL* 유전자 자체에 돌연변이가 없었던 3명은 *BCR/ABL* 유전자 수가 늘어 BCR/ABL 단백질 양이 늘어났고, 글리벡® 내성이 생겼다. BCR/ABL에서 돌연변이를 찾아보니, 글리벡®이 붙는 위치에 생기는 돌연변이였다. 돌연변이를 가진 환자는 BCR/ABL에서 글리벡®이 붙는 부분이 변형되어 더 이상 글리벡®이 붙지 못했던 것이다. 따라서 글리벡® 내성을 극복하려면 돌연변이가 생긴 *BCR/ABL* 유전자에서 발현된 단백질에 새로운 방식으로 결합하는 새 화합물이 필요했다.

한편 글리벡®의 성공은 단백질 인산화효소가 항암제로 가치가 있는지 저울질하던 다른 제약기업들이 단백질 인산화효소 저해제 개발에 잇달아 뛰어들게 만든 계기가 되었다. 대표적으로 브리스톨-마이어스 스큅(Bristol-Myers Squibb, BMS)이 있다. 브리스톨-마이어스 스큅은 다사티닙(dasatinib)이라는 만성 골수성 백혈병 치료 약물을 개발했고, 2006년 미국에서 판매 허가를 받았다.

브리스톨-마이어스 스큅의 다사티닙과 노바티스의 이마티닙은 화학 구조가 다르며, 작용하는 메커니즘도 다르다. 이마티닙은 ABL 인산화효소의 불활성화된 형태에 결합하지만, 다사티닙은 ABL 인산화효소의 활성화된 형태에 결합한다. 또한 이마티닙은 극히 한정된 타이로신 인산화효소에만 작용하여 억제하지만, 다사티닙은 이마티닙이 결합하지 않는 src 타이로신 인산화효소 등의 여러 타이로신 인산화요소에도 결합해 활성을 억제한다.

2006년, 이마티닙에 저항성을 보이는 환자를 대상으로 다사티닙의 효능을 보는 임상시험이 진행되었다. 다사티닙은 *BCR/ABL* 유전자에 돌연변이가 생긴 환자를 제외한 이마티닙 저항성 환자들에게서 효과를 보여주었다.[48] 문제가 된 돌연변이는 *BCR/ABL* 유전자 염기서열에서 315번째 아미노산인 트레오닌(threonine, T)이 이소류신(isoleucine, I)으로 바뀐 T315I라는 돌연변이였다. 단백질 구조에서 T315 잔기는 정확히 ABL에 이마티닙이 결합하는 영역에 있고, 이것이 다른 아미노산인 이소류신으로 바뀌면 이마티닙의 결합을 방해한다. T315I 돌연변이를 가진 ABL 인산화효소는 다른 억제 방법을 찾아야 했다.

일본 제약기업 다케다에 인수된 아리아드 파마슈티컬스(ARIAD Pharmaceuticals)는 2009년 T315I 돌연변이를 가진 BCR/ABL 인산화효소를 저해하는 화합물인 AP24534(성분명: ponatinib)를 공개했다.[49] 2012년에 이마티닙 치료에 내성을 가지는 만성 골수성 백혈병 환자들을 대상으로 포나티닙의 사용과 판매가 승인되었다.

이마티닙과 같은 1세대 타이로신 인산화효소 저해제는 단백질과의 결합 구조를 모르는 상태에서 발견되었지만, 이후의 화합물들은 단백질과 화합물의 결합 구조를 바탕으로 설계되었다. 단백질이 돌연변이를 일으키면 그것에 대응해 화합물의 구조를 변경하고, 돌연변이를 가지는 효소에도 적응하도록 결합 구조를 설계하고 있다. 구조생물학이 밝혀준 단백질 구조 정보가 신약의 개량에 도움을 주고 있는 것이다.

40년

이제 우리는 만성 골수성 백혈병이라는 한 종류의 암에 대해서는, 발생 메커니즘을 정확하게 알고, 암의 원인이 되는 변형 단백질 BCR/ABL을 저해하는 저해제를 개발해 환자의 생존율을 올릴 수 있게 되었다. 글리벡®을 비롯한 표적항암제가 만성 골수성 백혈병을 얼마나 치료했을까? 1982년 이전까지 만성 골수성 백혈병 환자의 10년 생존율은 8%였다. 2001년 글리벡®을 시작으로 타이로신 인산화효소 저해제가 나타난 이후 10년 생존율은 92%까지 올라갔다.[50] 글리벡®과 같은 타이로신 인산화효소 저해제를 바탕으로 한 항암제의 성공은, 암이 생기는 메커니즘을 알면 이를 특이적으로 공략해 환자를 치료하는 표적항암제가 실제로 가능하다는 것을

니컬러스 월리(Nicholas Worley)는 군인이다.
2012년 만성 골수성 백혈병 진단을 받았지만, 3개월마다 암센터에서 치료를 받으며 건강하게 살아가고 있다.
(사진은 2017년 4월 18일)

확인해주었다.

그러나 만성 골수성 백혈병에서 얻은 눈부신 성과가 다른 암으로 쉽게 확산되지는 않았다. 왜 다른 암에서는 표적항암제가 글리벡®처럼 확실한 효과를 보여주지 못할까? 만성 골수성 백혈병이라는 암은, 필라델피아 염색체의 형성에 의한 BCR/ABL 융합 유전자의 형성이라는 한 가지 원인으로 생긴다. 원인이 한 가지라, 하나만 억제해도 암의 진행을 막을 수 있었다. 그러나 만성 골수성 백혈병을 뺀 대부분의 암은 복잡한 유전적 변형을 가지는 경우가 많다. 따라서 만성 골수성 백혈병처럼 한 가지 단백질을 억제하는 것만으로 쉽게 치료할 수 없다. 만성 골수성 백혈병이 한 개의 부품 고장이었다면, 대부분의 암은 여러 부품이 고장나는 상황이라 부품 하나 어떻게 한다고 문제를 해결할 수 없다.

만성 골수성 백혈병 환자에게 필라델피아 염색체가 있다는 발견에서 시작해, 만성 골수성 백혈병의 치료제인 글리벡®이 등장하기까지 적어도 40년이라는 시간이 걸렸다. 40년이라는 오랜 시간이 걸렸지만, 만성 골수성 백혈병은 다른 암에 비해서 훨씬 상대하기 쉬운 적이었다. 글리벡®은 표적항암제로 특정한 암을 치료할 수 있다는 확신을 주었지만, 다른 암은 상황이 더 복잡할 것이라는 것을 확인해준 계기도 되었다.

주석

1. Boveri, T., (2008), Concerning the Origin of Malignant Tumours by Theodor Boveri. Translated and annotated by Henry Harris, *Journal of Cell Science*, pp.1-84.
2. Bennett, J.H., (1845), Case of hypertrophy of the spleen and liver in which death took place from the suppuration of the blood, *Edinburgh Medical and Surgical Journal*, pp.413-423.
3. Doyle, A.C., (1882), Notes on a case of leucocythaemia, *Lancet*, p.490.
4. Nowell, P.C., Hungerford, D.A., (1960), Chromosome studies on normal and leukemic human leukocytes, *Journal of the National Cancer Institute*, pp.85-109.; Nowell, P.C., Hungerford, D.A., (1961), Chromosome studies in human leukemia. II. Chronic granulocytic leukemia, *Journal of the National Cancer Institute*, pp.1013-1035.
5. Nowell, P.C., Hungerford, D.A., (1961) Chromosome studies in human leukemia. II. Chronic granulocytic leukemia. *Journal of the National Cancer Institute*, pp.1013-1035.
6. Tough, I.M., *et al*, (1961), Cytogenetic studies in chronic myeloid leukaemia and acute leukaemia associated with monogolism, *Lancet*, pp.411-417.
7. Avery, O.T., MacLeod, C.M., & McCarty, M., (1944), Studies on the chemical nature of the substance inducing transformation of pneumococcal types: induction of transformation by a desoxyribonucleic acid fraction isolated from pneumococcus type III, *Journal of Experimental*

Medicine, pp.137-158.

8 Painter, T.S., (1921), The Y-chromosome in mammals, *Science*, pp.503-504.

9 Tjio, J.H., Levan, A., (1956), The chromosome number of man, *Hereditas*, pp.1-6.; Ford, C.E., Hamerton, J.L., (1956), The chromosomes of man, *Nature*, pp.1020 – 1023.

10 Lejeune, J., Turpin, R., & Gautier, M., (1959), Le mongolisme, premier exemple d'aberration autosomique humaine, *Annales de Génétique*, pp.41-49.

11 Bayreuther, K., (1960), Chromosomes in primary neoplastic growth, *Nature*, pp.6 – 9.

12 Rous, P., (1911), A sarcoma of the fowl transmissible by an agent separable from the tumor cells, *Journal of Experimental Medicine*, pp.397-411.

13 Epstein, M.A., Achong, B.G., & Barr, Y.M., (1964), Virus particles in cultured lymphoblasts from Burkitt's lymphoma, *Lancet*, pp.702-703.

14 Bush, V., *Science, the Endless Frontier* (Washington: United States Government Printing Office, 1945).

15 Doogab, Y., *The Recombinant University: Genetic Engineering and the Emergence of Stanford Biotechnology* (Chicago: The University of Chicago Press, 2015), p.54.

16 Patterson, T.J., *The Dread Disease: Cancer and Modern American Culture* (Cambridge: Harvard University Press, 1987).

17 Huebner, R.J., Todaro, G.J., (1969), Oncogenes of RNA Tumor viruses as determinants of cancer, *PNAS*, pp.1087-1094.

18 Temin, H.M., Rubin, H., (1958), Characteristics of an

assay for Rous sarcoma virus and Rous sarcoma cells in tissue culture, *Virology*, pp.669-688.

19 Temin, H. M., Mizutami, S., (1970), RNA-dependent DNA polymerase in virions of Rous sarcoma virus, *Nature*, pp.1211-1213.; Baltimore, D., (1970), Viral RNA-dependent DNA polymerase: RNA-dependent DNA polymerase in virions of RNA tumour viruses, *Nature*, pp.1209-1211.

20 Weinberg, R.A., (2014), Coming full circle-from endless complexity to simplicity and back again, *Cell*, pp.267-271.

21 Stehelin, D., Varmus, H.E., Bishop, J.M., & Vogt, P.K., (1976), DNA related to the transforming gene(s) of avian sarcoma viruses is present in normal avian DNA, *Nature*, pp.170-173.

22 Brugge, J.S., Erikson, R.L., (1977), Identification of a transformation-specific antigen induced by an avian sarcoma virus, *Nature*, pp.346-348.; Collett, M.S., Brugge, J.S., & Erikson, R.L., (1978), Characterization of a normal avian cell protein related to the avian sarcoma virus transforming gene product, *Cell*, pp.1363-1369.; Collett, M.S., Erikson, R.L., (1978), Protein kinase activity associated with the avian sarcoma virus src gene product, *PNAS*, pp.2021-2024.; Levinson, A.D., Oppermann, H., Levintow, L., Varmus, H.E., & Bishop, J.M., (1978), Evidence that the transforming gene of avian sarcoma virus encodes a protein kinase associated with a phosphoprotein, *Cell*, pp.561-572.

23 Rowley, J.D., (1973), A new consistent chromosomal abnormality in chronic myelogenous leukaemia identified by quinacrine fluorescence and Giemsa staining, *Nature*, pp.290-

293.

24 Groffen, J., *et al*, (1984), Philadelphia chromosomal breakpoints are clustered within a limited region, bcr, on chromosome 22, *Cell*, pp.93-99.

25 Abelson, H.T., Rabstein, L.S., (1970), Lymphosarcoma: virus-induced thymic-independent disease in mice, *Cancer research*, pp.2213-2222.

26 Klein, A., *et al*, (1982), A cellular oncogene is translocated to the Philadelphia chromosome in chronic myelocytic leukaemia, *Nature*, pp.765-767.; Heisterkamp, N., *et al*, (1983), Localization of the c-abl oncogene adjacent to a translocation break point in chronic myelocytic leukaemia, *Nature*, pp.239-242.

27 Konopka, J.B., Watanabe, S.M., & Witte, O.N., (1984), An alteration of the human c-abl protein in K562 leukemia cells unmasks associated tyrosine kinase activity, *Cell*, pp.1035-1042.

28 Daley, G.Q., Van Etten, R.A., & Baltimore, D., (1990), Induction of chronic myelogenous leukemia in mice by the P210bcr/abl gene of the Philadelphia chromosome, *Science*, pp.824-830.

29 Hunter, T., (2007), Treatment for chronic myelogenous leukemia: the long road to imatinib, *Journal of Clinical Investigation*, pp.2036-2043.

30 Krebs, E.G., (1983), Historical perspectives on protein phosphorylation and a classification system for protein kinases, *Philosophical Transactions of the Royal Society B: Biological Sciences*, pp.3-11.

31 Rüegg, U.T., Gillian, B., (1989), Staurosporine, K-252

and UCN-01: potent but nonspecific inhibitors of protein kinases, *Trends in Pharmacological Sciences*, pp.218-220.

32 Umezawa, H., *et al*, (1986), Studies on a new epidermal growth factor-receptor kinase inhibitor, erbstatin, produced by MH435-hF3, *Journal of Antibiotics*, pp.170-173.; Gazit, A., Yaish, P., Gilon, C., & Levitzki, A., (1989), Tyrphostins I: synthesis and biological activity of protein tyrosine kinase inhibitors, *Journal of Medicinal Chemistry*, pp.2344-2352.

33 Druker, B.J., Mamon, H.J., & Roberts, T.M., (1989), Oncogenes, growth factors, and signal transduction, *New England Journal of Medicine*, pp.1383-1391.

34 McGlynn, E., *et al*, (1992), Expression and partial characterization of rat protein kinase C-δ and protein kinase C-ξ in insect cells using recombinant baculovirus, *Journal of Cellular Biochemistry*, pp.239-250.

35 Farley, K., Mett, H., McGlynn, E., Murray, B., & Lydon, N.B., (1992), Development of solid-phase enzyme-linked immunosorbent assays for the determination of epidermal growth factor receptor and pp60c-src tyrosine protein kinase activity, *Analytical Biochemistry*, pp.151-157.

36 Zimmermann, J., *et al*, (1996), Phenylamino-Pyrimidine (PAP) Derivatives: A New Class of Potent and Selective Inhibitors of Protein Kinase C (PKC), *Archiv der Pharmazie*, pp.371-376.

37 Lydon, N., (2009), Attacking cancer at its foundation, *Nature Medicine*, pp.1153-1157.

38 Druker, B.J., *et al*, (1996), Effects of a selective inhibitor of the Abl tyrosine kinase on the growth of BcrAbl positive cells, *Nature Medicine*, pp.561-566.

39 Li, J.J., *Top Drugs: History, Pharmacology, Syntheses* (Oxford: Oxford University Press, 2015), p.81.

40 https://seer.cancer.gov/statfacts/html/cmyl.html

41 Mukherjee, S., *The Emperor of All Maladies: a Biography of Cancer* (New york: Simon and Schuster, 2010), p.436.

42 Druker, B.J., *et al*, (2001), Efficacy and safety of a specific inhibitor of the BCR-ABL tyrosine kinase in chronic myeloid leukemia, *New England Journal of Medicine*, pp.1031-1037.

43 Kantarjian, H., *et al*, (2002), Hematologic and cytogenetic responses to imatinib mesylate in chronic myelogenous leukemia, *New England Journal of Medicine*, pp.645-652.

44 Druker, B.J., *et al*, (2006), Five-year follow-up of patients receiving imatinib for chronic myeloid leukemia, *New England Journal of Medicine*, pp.2408-2417.

45 Druker, B.J., Lydon, N.B., (2000), Lessons learned from the development of an abl tyrosine kinase inhibitor for chronic myelogenous leukemia, *Journal of Clinical Investigation*, pp.3-7.

46 Schindler, T., *et al*, (2000), Structural mechanism for STI-571 inhibition of abelson tyrosine kinase, *Science*, pp.1938-1942.

47 Gorre, M.E., *et al*, (2001), Clinical resistance to STI-571 cancer therapy caused by BCR-ABL gene mutation or amplification, *Science*, pp.876-880.

48 Talpaz, M., *et al*, (2006), Dasatinib in imatinib-resistant Philadelphia chromosome-positive leukemias, *New England Journal of Medicine*, pp.2531-2541.

49 O'Hare, T., *et al*, (2009), AP24534, a pan-BCR-ABL inhibitor for chronic myeloid leukemia, potently inhibits

the T315I mutant and overcomes mitation-based resistance, *Cancer Cell*, pp.401-412.

50. Mughal, T.I., *et al*, (2016), Chronic myeloid leukemia: reminiscences and dreams, *Haematologica*, pp.541-558.

2부

허셉틴

Herceptin

항체

홍역(紅疫, measles)을 한 번 앓았던 사람이 다시 홍역에 걸리는 일은 드물다. 한 번 걸렸던 질병에 저항력이 생기는 경우가 있다는 것은 현대적인 면역학 지식이 확립되기 전에도 경험적으로 알려져 있었다. 이런 종류의 일은 완전히 같은 질병이 아닌 비슷한 질병 사이에서도 일어났다. 이유는 몰랐지만, 소가 걸리는 천연두인 우두(牛痘, cowpox)에 감염되었던 사람은 천연두에 저항력이 생긴다는 사실도 알려져 있었다. 1798년 영국 의사 에드워드 제너(Edward Jenner, 1749-1823)는 사람에게 우두를 감염시켜 천연두를 예방하는 우두법을 제안했다. 오늘날 기초 면역학으로 설명하자면, 제너는 우두를 항원(抗原, antigen)으로 사용하여 우두 바이러스와 천연두 바이러스에 결합해 이를 숭화시키는 항체(抗體, antibody)를 생성시킨 것이었다. 그러나 제너가 살던 시절에는 어떻게 병원균에 대한 면역력이 부여되는지는 알 수 없었다.

현대적 항체 연구의 기원은 독일의 에밀 폰베링(Emil Adolf von Behring, 1854-1917)과 일본의 기타사토 시바사부로(北里 柴三郎, 1853-1931)로 거슬러 올라간다. 기타사토는 1885년 독일로 유학을 떠나 세균학의 개척자인 로베르토 코흐(Roberto Koch, 1843-1910) 밑에서 연구했다. 기타사토는 파상풍의 원인 병원균인 파상풍균을 최초로 순수 분리하는 데 성공하였다. 파상풍균은 산소에 민감하게 반응해 산소가 있으면 잘 자라지 못한다. 기타사토 시바사부로는 배양기 안 산소를 없애면 파상풍균을 배양할 수 있다는 것을 알아냈고, 성공적으로 파상풍균을 순수 분리해 배양할 수 있었다.[1]

코흐는 기타사토의 능력을 인정했고, 그에게 베링과 함께 디프테리아균을 순수 분리하는 연구를 지시했다. 기타사토와 베링은 디프테리아균 순수 분리에 성공했다. 둘은 병원균을 순수 분리해 질병을 일으키는 병원균을 확인했고, 나아가 예방법까지 고민했다.

두 사람은 1890년, 『독일 의학 저널(*Deutsche Medizinische Wochenschrift*)』에 파상풍과 디프테리아에 감

염된 토끼의 혈액에는 병원균을 억제할 수 있는 '물질'이 있다는 내용의 논문을 공저로 발표했다. 이들은 파상풍균 또는 디프테리아균에 감염된 토끼의 혈청을 채취해 쥐에 주사하고, 그 쥐에 다시 치사량의 파상풍균 또는 디프테리아균을 주입해 예방 효과를 확인했다.[2] 토끼 혈청뿐만 아니라 파상풍균에 감염되었던 쥐의 혈청도 예방 효과가 있었다. 반대로 병원균에 노출되지 않은 토끼의 혈청은 예방에 효과가 없었다. 기타사토와 베링은 외래 병원체에 감염된 동물 혈액에서 외래 병원체를 무력화할 수 있는 (나중에 항체로 알려지게 되는) 물질이 생긴다는 것을 처음으로 확인했다.

베링은 이 연구로 1901년 제1회 노벨 생리의학상을 받았다. 그러나 함께 연구했던 기타사토는 상을 받지 못했다. 기타사토가 노벨상을 받지 못한 정확한 이유는 알 수 없다. 다만 기타사토는 1892년에 일본으로 돌아갔고, 당시 전 세계 과학계에서 일본의 위상이 그다지 높지 않았던 것 등의 이유가 복합적으로 작용했을 것이다.[3]

베링과 기타사토가 찾은 '혈액 안에서 만들어져 외래 병원체에 대항하는 물질'의 정체와, '이 물질이 어떻게 만들어지는지에 대한 메커니즘'을 밝히려는 연구자들의 노력은 계속되었다. 독일의 면역학자 파울 에를리히(Paul Ehrlich, 1854-1915)는 곁가지 이론(side chain theory)을 제시했다. 에를리히는 모든 세포 표면에 영양소를 흡수하기 위한 수용체(受容體, receptor)가 있을 것이라고 생각했다. 그런데 디프테리아균이나 파상풍균은 영양소와 비슷하게 생긴 독소를 만드는 것이다. 영양소가 결합해야 하는 세포 수용체에 독소가 결합하고, 독소는 세포의 정상적인 기능을 억제해 독성을 나타낼 것이라는 가설이었다. 이 가설에 따르면 질병에 대한 저항성도 설명할 수 있다. 에를리히는 수용체가 독소와 결합하여 수용체의 기능을 잃고 독성이 나타낼 때, 세포가 수용체를 더 많이 만들어 이를 극복하는 것이 질병에 대한 저항성을 보이는 면역반응이라고 주장했다.[4]

사실 파울 에를리히의 곁가지 이론은 현대적인 면역학 지식과는 많이 다르다. 그러나 면역반응은 혈액과

면역반응에 대해 곁가지 이론을 제시한 파울 에를리히

세포에서 일어나며, 세포 표면에 수용체가 있어 병원체의 독소와 결합해 독성을 나타낸다는 에를리히의 아이디어는 항체와 면역 이론이 정립되어가는 과정에서 중요한 영감을 주었다.

에를리히의 곁가지 이론 이후 면역 현상을 설명하려는 여러 가설이 20세기 전반기에 나타났다. 단백질 나선 구조(alpha-helix) 모델로 노벨 화학상, 반핵 운동으로 노벨 평화상을 받은 라이너스 폴링(Linus Pauling, 1901-1994)은 여러 항원에 결합하는 다양한 항체가 우리 몸에서 어떻게 만들어지는지 설명하려고 1940년에 거푸집 가설(template theory)을 발표한다.[5] 모양이 다채로운 항원을 인식하는 항체를 만들려면, 세포가 항원을 흡수해 항체 단백질을 만들 때 항원을 거푸집으로 이용한다는 것이다. 이렇게 되면 항원의 구조와 상보적인 항체를 만들 수 있다는 것이었다.

라이너스 폴링의 생각을 입증할 수 있는 구체적인 실험 증거는 없었다. 그럼에도 약 20여 년 동안 주류 이론으로 통용되었다. 단백질이 세포 안에서 만들어지는 과정을 이해하려면, 1960년대 말 분자생물학이 발전할 때까지 기다려야 했다. 에를리히의 곁가지 이론과 마찬가지로 폴링의 거푸집 가설도 현재의 면역학과 분자생물학 지식과는 거리가 있는 이야기다. 지금 우리가 교과서적 지식으로 받아들이는 면역에 대한 정보가 정립되기까지는 오랜 시간이 걸렸다. 많은 가설이 제시되어 믿어지다가 가설과 맞지 않는 실험 결과 때문에 폐기되거나, 수정되는 과정을 되풀이하면서 과학 지식이 확립된다. 면역계에 대한 지식, 항체에 대한 지식도 이런 과정을 거치며 20세기 후반에 이르러 지금 우리가 배우는 교과서적 과학 지식으로 정립되었다.

다양성

1950년대 초가 되자 세포 안으로 흡수된 항원의 모양에 따라서 항체가 만들어진다는 거푸집 가설이 의심받기 시작했다. 실제 우리 몸에서 일어나는 면역반응을 제대로 설명하지 못한다는 의심이 학자들 사이에서 퍼졌다. 이 와중에 1950년대 초, 프랭크 맥팔레인 버넷(Frank Macfarlane Burnet, 1899-1985)이 클론 선택 가설(clonal selection theory)을 제시한다.[6] 클론 선택 가설은 다음과 같다.

1. 항체는 혈액 중의 림프구(lymphocytes)에서 만들어지며, 각 림프구 세포는 한 가지 항원을 인식하는 수용체를 지닌다.
2. 자기 몸에 원래 있는 단백질과 반응하는 림프구는 사멸한다.
3. 외부에서 병원체 등 새로운 항원이 들어오면 해당 항원을 인지하는 수용체를 가진 림프구가 활성화되어 증식하기 시작하며, 같은 항원을 인지하는 림프구의 숫자가 늘어난다.
4. 동일한 항원을 인지하는 림프구는 해당 항원과 결합하는 항체를 생성한다.
5. 생성된 항체가 항원에 결합하여 항원을 무력화

하고 면역력이 부여된다.

버넷의 클론 선택 가설은 1958년 구스타프 노살(Gustav Victor Joseph Nossal, 1935-)과 조슈아 레더버그(Joshua Lederberg, 1925-2008)가 입증한다. 노살과 레더버그는 두 가지 세균을 동시에 감염시켜 면역이 생긴 쥐에서 유래한 림프구 세포 하나는, 두 종류의 항원을 인식하는 두 종류의 항체가 아닌 하나의 항원을 인지하는 한 종류의 항체만을 형성한다는 것을 보여주었다.[7] 조슈아 레더버그는 세균의 DNA 전달로 유전형질이 바뀐다는 것을 밝혀 33세에 노벨 생리의학상을 타기도 했다. 이는 연구년 동안 교환교수로 간 멜버른 대학에서 자신의 연구 주제와 관계없는 면역학을 연구하다 얻은 성과였다고 한다.

노살과 레더버그가 밝힌 대로 한 종류의 림프구에서 한 종류의 항체만을 생성한다면, 어떻게 다양한 종류의 항체가 만들어지는 림프구가 생길 수 있을까? 1960년대가 되자 유전형질의 본체는 DNA에 저장되고, 단백질은 DNA에 저장된 유전정보를 바탕으로 만들어진 다는 것이 확인되었다. 세포 안에 있는 DNA 총합인 지놈(genome)은 이전 세대로부터 전달받은 제한적인 정보만을 저장한다. 그런데 어떻게 DNA에 수많은 종류의 항원, 특히 한 번도 접촉하지 않은 다양한 종류의 항원을 인식하는 정보가 수록될 수 있을까?

의문을 풀려면 항체의 화학적 조성을 확인할 필요가 있었다. 이를 위해 단백질인 항체를 다른 단백질과 분리하여 순수하게 정제하고, 그 구성을 조사해야 했다. 1960년대, 제럴드 에델만(Gerald M. Edelman, 1929-2014)과 로드니 포터(Rodney R. Porter, 1917-1985)는 항체의 화학 구조를 밝혔다.

항체는 크게 라이트 체인(light chain)과 헤비 체인(heavy chain), 두 종류의 단백질 사슬로 이루어져 있고, 두 체인은 아미노산 가운데 하나인 시스테인(cysteine) 잔기로 연결된 것을 확인했다. 라이트 체인과 헤비 체인은 다시 항원에 대한 특이성을 부여하는 변화영역(variable region, 라이트 체인의 변화영역은 VL로 헤비 체인의 변화영역은 VH로 구분한다)과, 특이성과 관계없이 동일한 공통영역(constant region)으로 구성된다.

제럴드 에델만과 로드니 포터가 항체의 구조를 생화학적 방법으로 밝혀냈다면, 스위스 바젤 연구소의 도네가와 스스무(利根川進, 1939-)는 분자생물학적 방법으로, 많은 종류의 항원을 인식하는 항체 유전자가 만들어지는 원리를 연구했다.

도네가와는 B세포에서 항체의 본체인 면역글로불린(immunoglobulin) 유전자를 연구했다. 그는 면역세포가 발달하는 과정에 B세포 면역글로불린의 헤비 체인과 라이트 체인을 구성하는 유전자 조각(exon)에서 유전자 재조합이 일어나는 것을 발견했다. 이때 항체의 항원 결합 부위, 즉 변화영역에서 다양성이 만들어지는 것이었다. 여러 항원을 인식할 수 있는 항체의 다양성은, 다양한 항체 유전자 조각들이 만나 수많은 조합을 이루기 때문에 가능했다. 이렇게 유전자 재조합에 의해서 생성된 항체 유전자의 다양성은, 항체 변화영역에서 돌연변이가 많이 발생하면서 더욱 다양해지고, 더 많은 항원에 결합할 수 있는 다양한 항체가 생겨나게 된다.

혈청에는 온갖 다양한 종류의 항원을 인식하는 다양한 항체가 있지만, 이들은 변화영역을 빼고는 거의 비슷하다. 항원에 따라 달라지는 변화영역에 어떤 아미노산 서열이 있는지에 따라 인식하는 항원이 달라지는 것이다. 이제 항체의 공통영역과 변화영역이 구체적으로 어떻게 나뉘며, 다양한 항원을 인지하는 항체는 어떻게 생기는지를 분석해야 했다. 이를 위해 특정한 항원을 인식하는 항체가 필요했다.

레더버그가 보여준 것처럼, 수많은 B세포 하나는 각각 한 가지 종류의 항체만을 만든다. 따라서 세포 하나에서 유래한 항체는 모두 같은 종류의 항체이기는 하나, 하나의 세포에서 만들 수 있는 항체는 너무나 양이 적어 실험적으로 분석할 수 없었다. 게다가 B세포는 암세포처럼 무한대로 증식하지 못하며, 일정한 시간이 지나면 사멸한다. 그러니 한 종류의 항체를 만드는 B세포를 증식시켜 분석할 수 있을 만큼 충분한 양의 '화학적으로 동일한 항체'를 얻는 것은 불가능했다. 어떻게 해야 하나의 항원을 인지하는 한 종류의 항체를 많이 만들어, 그 화학적인 성질을 분석할 수 있을까? 오늘날 항체 의약품 개발에서 핵심 기술인 단일클론항체(monoclonal antibody)는 처음에는 항체를 화학적으로 분석하기 위한 연구에서 시작되었다.

단일클론항체

영국 케임브리지 대학 MRC-LMB(Medical Research Council/Laboratory of Molecular Biology)에서 연구하던 세자르 밀스타인(Cesar Milstein, 1927-2002)은 다양한 항원을 인식하는 항체가 어떻게 생성되는지 궁금했다. 세자르 밀스타인은 골수종(myeloma) 환자에게 얻은 골수종세포가 한 가지 종류의 항체만을 만들어낸다는 연구를 접한다.[8]

골수종은 항체를 생성하는 B세포가 암세포로 변한 것인데, 골수종세포는 암세포가 되었지만 항체를 생성하는 능력은 여전히 가지고 있다. 따라서 한 세포에서 유래한 골수종세포를 배양하면 단일한 종류의 항체를 만들 수 있었다. 또한 두 종류의 골수종세포를 융합하면 기존에 만들어지던 것과는 다른 종류의 항체를 만들 수 있다는 것도 알게 되었다. 문제는 골수종세포로 한 종류의 항체를 만들 수 있었지만, 그 항체가 어떤 항원을 인식하는 특이적인 항체인지는 알 수 없었다는 점이다. 또한 연구자가 원하는 특정 항원에 대한 항체를 만드는 것도 불가능했다.

게오르게스 쾰러(Georges J. F. Köhler, 1946-1995)는 독일 프라이부르크 대학에서 효소의 면역학적인 인식에 대한 연구로 박사학위를 받고, 밀스타인 연구실에 박사후 연구원으로 들어왔다. 쾰러는 밀스타인과 함께 화학적으로 조성이 동일한 항체, 즉 단일클론항체(monoclonal antibody)를 만들기 위한 세포주 제작 방법을 개발했다.[9] 이들이 개발한 방법은 대략 이렇다.

우선 실험용 쥐에 양의 적혈구를 주입한다. 쥐는 양의 적혈구를 인식하는 항체를 만들어내는데, 쥐의 비장

(spleen)에서 양의 적혈구를 인식하는 항체를 만드는 B세포가 그 역할을 수행한다. 이들은 비장에 있는 B세포를 추출해 쥐의 몸 밖에서 배양하려 했다. 문제는 B세포 수명이 짧아 몸 밖에서 배양하면 금방 죽는다는 점이었다. 이를 해결하기 위해 쾰러와 밀스타인은 B세포 유래 암세포인 골수종세포와 쥐의 비장에서 채취한 B세포를 융합시켰다.

밀스타인과 쾰러는 폴리에틸렌 글리콜(polyethylene glycol, PEG)을 이용해 두 세포를 융합하기로 했다. 폴리에틸렌 글리콜은 분자량이 1,000에서 20,000에 달하는 고분자 물질이다. 물을 흡수하는 성질이 있고, 세포에 처리하면 세포 간 융합을 유도한다. 쥐의 비장에서 얻은 B세포와 무한히 증식하는 골수종세포를 섞은 다음, 폴리에틸렌 글리콜을 처리하면 B세포와 골수종세포가 융합된 혼종 세포가 생긴다.

다음으로는 B세포, 골수종세포, B세포와 골수종세포가 섞여 있는 혼종 세포 가운데 B세포와 골수종세포가 융합된 혼종 세포만 분리해야 한다. 밀스타인과 쾰러가 사용한 골수종세포는 DNA 합성에 필요한 물질인 핵산(nucleotide) 대사에 문제가 있는 세포였다. 따라서 핵산 생합성 경로를 억제하는 화합물이 들어 있는 배지에서는 제대로 성장하지 못하고 죽는다. 이때 쥐의 비장에서 얻은 B세포와 골수종세포를 융합하면, B세포에 있는 핵산 대사 유전자가 골수종세포의 결함 있는 유전자를 보완해주고, 융합 세포는 생장이 가능해진다. 이 조건에서 세포를 계속 배양하면 융합되지 않은 B세포는 자연수명 때문에 죽고, 융합되지 않은 골수종세포는 DNA 합성에 문제가 생겨 죽는다. 결국 살아남는 세포는 B세포와 골수종세포가 혼합된 혼종 세포, 즉 하이브리도마(hybridoma)뿐이다.

이렇게 만든 하이브리도마는 원래 B세포처럼 특정한 항원을 인식하는 항체를 분비하며, 동시에 골수종세포처럼 계속 증식한다. 이 방식을 활용하면 항체를 생산하면서 골수종세포처럼 무한히 증식하는 하이브리도마를 얻을 수 있다. 또한 원하는 항원을 인식하는 항체를 만드는 하이브리도마를 찾아내면, 원하는 항체만 생성하는 세포주를 얻을 수 있다. 이렇게 한 가지 항원만을 인식하는 항체를 단일클론항체(monoclonal antibody)라 한다.

밀스타인과 쾰러가 연구에 사용한 것은 양의 적혈구를 인식하는 항체였다. 이 항체가 양의 적혈구에 결합하면 적혈구를 용해시킬 수 있었으므로, 혈액의 용혈을 일으키는 항체의 성질을 이용해 해당 항체를 만들어내는 하이브리도마를 어렵지 않게 찾을 수 있었다. 이렇게 특정한 종류의 항원에 결합하는 항체만 골라내는 방법이 있다면, 단일한 종류의 항원을 인식해 한 종류의 항체만 생산하는 하이브리도마를 분리하고, 이 하이브리도마를 계속 배양해 한 가지 항원에 특이적인 항체를 대량으로 생산할 수 있을 것이었다.

밀스타인은 하이브리도마와 단일클론항체를 이용하여 항체의 다양성이 재조합과 돌연변이 과정으로 일어난다는 점도 실험으로 밝혔다. 1984년 밀스타인은 옥사졸론(oxazolone)이라는 화학물질을 쥐에 주입한 후 7일, 14일, 6주 후에 하이브리도마를 생성시키고, 이 하

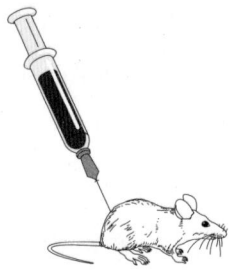

쥐에 단백질 X 주입

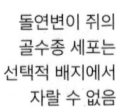

돌연변이 쥐의 골수종 세포는 선택적 배지에서 자랄 수 없음

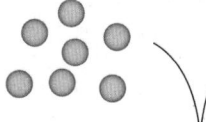

세포를 혼합하고 융합해 배지로 이동

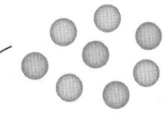

일부 쥐의 비장에서 얻은 림프구는 단백질 X에 대한 항체 형성

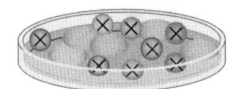

⊗ ⊗ ⊗ 융합되지 않은 세포는 죽음

● 세포 간 융합한 하이브리도마는 성장

각각의 세포를 별도로 배양

별도로 배양한 세포에서 단백질 X 항체가 만들어지는지 확인

이브리도마에서 유래한 항체 유전자를 분석했다. 이렇게 하이브리도마와 단일클론항체를 이용해, 도네가와가 주장했던 것처럼, 특정 항체를 인식하는 항원 유전자가 재조합과 체세포 돌연변이를 거쳐 각각 B세포 안에서 만들어져 다양한 항체를 만든다는 것을 밝혔다.[10]

밀스타인은 다양한 항체의 특이성이 어떻게 생성되는지에 관심이 있었으므로, 단일클론항체를 만드는 기술로 원래의 연구 목적은 달성한 셈이었다.

그런데 단일클론항체는 밀스타인의 연구 목적 이외에도 유용한 기술이었다. 특정 항원을 동물에 주입하고 면역반응이 일어난 뒤에는 동물의 혈청 안에 특정 항원을 인지하는 항체가 들어 있었다. 혈청 안에는 여러 다른 단백질을 인지하는 항체들도 있지만, 같은 종류의 단백질을 인지하는 항체도 여럿 있다. 그러나 같은 항체를 인지하는 항원이더라도 나른 B세포에서 유래한 항체는 다른 종류의 항체다. 코끼리를 만지라고 하면, 누구는 코끼리의 코를 잡고, 누구는 꼬리를 잡으며, 누구는 다리를 잡을 것이다. 이처럼 같은 항원을 인지하는 항체라고 해도 서로 다른 부분을 인지하는 터라, 동물에 항원을 주입해 분리한 항체는, 화학적으로 전혀 다른 성질을 가진 다른 종류의 항체들이 함께 있다. 즉 혈청은 수많은 항체들의 풀(polyclonal antibody)이다. 같은 항원을 인식하는 항체여도 조금씩 성질이 다른 여러 종류의 항체가 섞여 있게 된다.

반면 하이브리도마로 만들어진 항체는 한 종류의 세포에서 생성된, 화학적으로 완전히 동일한 조성을 가진 항체다. 이렇게 특정한 항원, 즉 단백질이나 생체물질 혹은 화학물질에 특이적으로 결합할 수 있는 단백질인 단일클론항체는 특정한 단백질이나 화학물질의 양을 측정할 수 있는 중요한 연구재료가 되었다. 인산화 타이로신에 결합하는 단일클론항체를 생각해보자.

실험 용기 바닥에 인산화 타이로신에 결합하는 항체를 고정시킨다. 타이로신이 인산화된 단백질은 항체에 결합하여 함께 바닥에 붙는다. 그런데 항체에 결합할 수 있는 단백질의 양에 따라서 바닥에 결합하는 단백질의 양도 달라질 것이다. 이때 단백질이 얼마나 많은 항체에 결합했는지 알기 위하여 해당 단백질에 결합할 수 있는 또 다른 항체(이 항체에는 양을 측정할 수 있도록 특정한 색을 내는 효소를 연결한다)를 넣어주면, 특정 단백질 양에 비례해 항체에 연결된 효소가 바닥에 붙는다. 효소와 반응해 색이 바뀌는 화학물질을 넣으면 단백질 양에 따라서 색이 변한다. 항체에 붙는 단백질 양을, 해당하는 단백질에 결합하는 항체로 잴 수 있다. 이를 효소면역측정법(ELISA)이라 부르는데, 효소면역측정법을 이용하면 특정 단백질이 얼마나 있는지 간편하게 잴 수 있다.

같은 항원을 실험동물에 주사해 실험동물에서 항체를 만들었다고 해도, 완전히 동일한 조성의 항체가 만들어진다는 보장이 없었다. 그러나 같은 하이브리도마로 만들어진 단일클론항체는 항상 같은 화학적 조성을 가지며 성질도 완전히 똑같다. 이러한 성질은 특정 단백질 등을 검출하는 데 유용하게 이용될 수 있었고, 각종 진단키트 등을 만드는 데 널리 사용되었다. 예를 들어 임신 진단 키트는 임부의 소변에 많은 hCG(human chorionic gonadotropin)라는 호르몬에 특이적으로 결합하는 항체를 이용해 임신 여부를 진단한다.

수많은 단백질을 특이적으로 인식하는 '단일클론항체 생산 하이브리도마'가 만들어졌고, 이는 연구자들에게 분양되어 퍼져나갔다. 1986년, 아이오와 대학에 설립된 DSHB(Developmental Studies Hybridoma Bank)에서는 여러 연구자들로부터 기증받은 하이브리도마를 보관하고, 하이브리도마에서 유래된 항체가 연구에 널리 활용될 수 있도록 싼 가격에 배포했다.

특정 단백질에 특이적으로 결합하는 단일클론항체의 성질을 이용하면 신약으로 이어질 수 있을 것이라는 기대도 나타났다. 단일클론항체가 병을 일으키는 특정 단백질에 결합해 기능을 억제하면, 약으로 사용할 수 있을 것이라는 기대였다.

그러나 단일클론항체가 신약으로 가려면 넘어야 할 장벽이 많았다. 1970년대 개발된 하이브리도마에 의한 단일클론항체는, 기본적으로 쥐에서 유래한 항체였다. 쥐에서 유래한 항체는 인간의 몸에서 '외부의 것'으로 인지되어 면역반응을 유발한다. 사람 몸속에서는 무력화되는 것이다. 신약이 되려면 사람에게서 유래한 항체를 사용해야 했다. 문제는 사람에게서 유래한 단일클론항체를 만드는 일이 쥐에서 단일클론항체를 만드는 것처럼 쉽지 않았다는 점이다. 새 장벽을 넘기 위해서는 또 다른 생명과학 기술의 도움을 받아야 했다.

재조합 DNA

재조합(recombinant) DNA 기술도 단일클론항체가 개발된 1970년대에 등장했다. 현재 생명공학산업은 재조합 DNA 기술 덕분에 가능했다. 그런데 재조합 DNA 기술도 단일클론항체 기술처럼 1960년대 분자생물학자들의 연구 과정에서 발견된 우연의 산물이었다. 이 기술이 처음 등장할 때, 커다란 산입적 파급력을 갖게 될 것이라고 상상하기 힘들었다.

 1960년대 말, 분자생물학자들은 갈림길에 서 있었다. 1953년 왓슨과 크릭이 DNA 이중나선 구조를 밝히면서 분자생물학 혁명이 시작되었다. 하지만 혁명도 끝이 있는 법이다. 1960년대 중후반이 되자 유전정보가 DNA로부터 RNA를 거쳐 단백질로 전달된다는 센트럴 도그마(central dogma) 패러다임이 정립되었다. 분자생물학의 기본 원리에 대한 큰 그림이 그려진 것이다. 이후, 분자생물학자들은 앞으로 무슨 연구를 할 것인지 정해야 했다. 일부는 유전정보와 함께 지금껏 알려지지 않았던 신비의 영역, 뇌와 정신의 비밀을 풀기 위하여 뉴로사이언스로 방향을 잡았다. 일부는 그동안 미루어 두었던 고등생물과 사람의 질병에 관련된 분자생물학 연구를 시작했다.

그때까지 분자생물학의 기본적인 원리는 주로 세균에 기생하는 바이러스인 박테리오파지(bacteriophage)를 모델로 썼다. DNA의 '복제', DNA로부터 RNA가 만들어지는 '전사', RNA로부터 단백질이 만들어지는 '번역' 과정은 주로 박테리오파지 모델 시스템을 활용해 밝혔다. 이는 박테리오파지가 세균에 비해서 단순했기 때문이었다. 박테리오파지는 100kb(killobase,

1killobase는 1,000염기쌍) 이하의 작은 지놈을 가지며, 기껏해야 수십 개의 단백질로 구성된다. 그런데 단순한 세균으로 분류되는 대장균도 4,000kb의 지놈에, 4,000개의 단백질로 구성된다. 사람은 이보다 수백 배나 큰 지놈을 가진다. 분자생물학이 막 시작한 1960년대에 사람처럼 복잡한 생물을 분자생물학적으로 연구하는 것은 엄두를 내기 어려운 일이었다.

그럼에도 분자생물학이 보여준 패러다임의 전환은, 분자생물학이 사람의 여러 질병을 고치는 데 필요한 정보를 줄 것이라는 기대를 심어주기에 충분했다. 연구자들은 고등생물 분자생물학 연구로 뛰어들었다.

스탠퍼드 대학에서 생화학을 연구하던 폴 버그(Paul Berg, 1926-)는 1960년대에 박테리오파지를 이용하여 단백질 생합성 메커니즘을 연구했다. 1960년대 말, DNA에 저장된 유선정보를 이용해 단백질이 만들어지는 전반적인 과정이 밝혀지자 유전 암호에 대한 대부분의 원리가 밝혀졌고, 폴 버그도 이제 무엇을 연구할지 고민했다. 폴 버그는 고등생물 분자생물학 연구로 길을 잡았다. 분자생물학 연구는 대개 가장 간단한 연구 시스템을 이용하여 생물에 공통적인 원리를 밝히는 방식으로 이루어진다. 폴 버그는 동물 바이러스를 이용하기로 했다. 박테리오파지를 이용하여 분자생물학의 기본 원리를 알아낸 것과 비슷한 방식으로, 동물 바이러스를 이용해 동물 분자생물학을 연구할 계획이었다.[11]

폴 버그가 모델로 선택한 바이러스는 시미안 바이러스 40(simian virus 40, SV40)이었다. SV40은 유인원 세포를 감염시켜 암을 유도하는 성질이 있었다. 박테리오파지가 세균에 침투하는 성질을 이용해 DNA가 주요 유전물질인 것을 밝혀낸 것처럼, 폴 버그는 SV40이 동물 세포에 침투하는 성질을 이용하면 동물 분자생물학을 연구할 수 있을 것이라고 생각했다. 또한 SV40이 동물 세포에 암을 유발하는 바이러스이니, 암의 발생 원인을 찾아 치료법을 구하는 실용적 문제에 답을 줄 가능성도 있었다.[12]

폴 버그는 자신이 박테리오파지를 이용해 단백질 생합성 메커니즘을 연구하던 방식을 그대로 적용해보려 했다. 대장균에 박테리오파지를 감염시켜 박테리오파지에서 단백질 합성에 관여하는 다른 단백질을 정제하는 것처럼, 동물 세포에 SV40을 감염시켜 암 유발에 관련된 단백질을 확인해서 분리하고, 분리한 단백질의 성질을 연구할 계획이었다. 그러나 동물 세포는 대장균보다 훨씬 복잡한 시스템이었다. 원래 계획했던 생화학적인 연구 방법은 생각처럼 잘 진행되지 않았다.

폴 버그는 방향을 바꿨다. 박테리오파지를 유전학적 방법으로 연구하던 연구자들은 박테리오파지에 돌연변이를 유발해 돌연변이주(mutant)를 얻고 이를 분석하곤 했다. 돌연변이에 따른 표현형(phenotype)을 분석해 박테리오파지의 유전자를 확인한 것이다. 폴 버그는 비슷한 방법을 동물 바이러스 연구에 적용하면 바이러스에 있는 유전자의 기능을 확인할 수 있을 것이라고 생각했다.

문제는 동물 바이러스의 돌연변이주를 만드는 데 필요한 유전학 도구가 잘 갖추어져 있지 않았다는 것이었다. 폴 버그는 세균에서 증식하는 박테리오파지를 운

재조합 DNA 기술의 가능성을 연 폴 버그

반체로 이용해 세균 안에서 동물 바이러스를 증식시킬 수 있을 것이라 생각했다. 자신의 박테리오파지 연구 경험을 활용해, 동물 바이러스를 분리하고 돌연변이주를 만들면 좀더 쉽게 연구를 진행할 수 있을 것으로 내다봤다.

폴 버그 연구실에는 대장균에서 독립적으로 복제되어 플라스미드(plasmid) 형태로 증식할 수 있는, 변종 박테리오파지인 λdv가 있었다. 플라스미드는 생물체 유전정보의 총합인 염색체와 독립해 존재할 수 있는 작은 DNA 조각이다. 원핵생물인 대장균의 염색체는 약 4Mb(4백만 염기서열) 정도지만, 플라스미드는 최대 20kb(2만 염기서열)로 작다. 또한 플라스미드는 염색체와는 별도로 복제된다. 이런 플라스미드의 특징을 재조합 DNA 기술에 적용할 수 있었다.

먼저 복제를 원하는 DNA 조각을 플라스미드에 결합한다. 그 플라스미드를 세균에 넣으면 세균이 증식함에 따라 원하는 DNA가 함께 복제된다. 동물 바이러스인 SV40의 DNA와 변종 박테리오파지 λdv의 DNA를 결합시켜 대장균에 넣으면, 대장균에서 동물 바이러스 SV40의 DNA를 증식시킬 수 있다. SV40의 DNA와 λdv의 DNA만 결합시켜 박테리아에 넣으면 되는 문제였다.

폴 버그가 연구하던 1960년대 스탠퍼드 대학 생화학과에는 DNA 복제 메커니즘을 발견한 아서 콘버그(Arthur Kornberg, 1918-2017)를 비롯한 DNA 복제, 전사, 번역 관련 전문가들이 모여 있었다. 이들은 아서 콘버그가 주도해, 교수들의 연구비와 시료 등을 함께 관리하는 연구 공동체를 형성하고 있었다. 당시 스탠퍼드 대학 생화학자들은 DNA와 관련된 여러 효소들을 연구했다. 그리고 이들이 연구용으로 정제해놓은 DNA 중합효소(polymerase), DNA를 결합시키는 DNA 리가아제(ligase) 등이 학과 냉장고에 들어 있었는데 학과 소속 연구원이면 누구라도 사용할 수 있었다. 재조합 DNA 기술이 보편화된 지금이야 이런 효소들을 구입해 사용하는 것이 어렵지 않지만, 당시에는 필요한 실험 재료를 얻는 방법은 직접 만들거나 해당 연구를 하는 연구자에게 얻는 것뿐이었다. 스탠퍼드 대학 연구자들이 재조합 DNA 기술에 필요한 효소 등의 실험 재료를 자유롭게 공유하는 문화를 가지고 있었던 것은, 재조합 DNA 기술의 탄생에 중요한 역할을 했다.[13]

폴 버그 연구팀은 시험관에서 SV40 DNA와 박테리오파지 람다를 결합시킬 수 있음을 확인했다. 다음으로 세균에서는 SV40 DNA 조각을 증식하고, 동물세포에서는 박테리오파지 DNA가 포함된 바이러스를 증식하는 두 가지 실험을 계획했다. 동물계와 미생물계의 유전정보를 인위적으로 융합하는 최초의 실험이었다. 그러나 폴 버그와 함께 실험을 계획한 대학원생 재닛 메르츠(Janet Mertz, 1949-)는 예상치 못한 반대를 만난다.

1971년 미국 콜드 스프링스 하버(Cold Springs Harbor)에서 열린 동물 세포와 바이러스 관련 교육 프로그램에 참여한 메르츠는, SV40 DNA와 박테리오파지 DNA를 결합해 SV40 DNA 조각을 대장균 안에서 증식하겠다는 연구 계획을 발표했다.

교육 프로그램의 주최자였던 로버트 폴락(Robert

폴 버그가 조직한 1975년 아실로마 회의. 회의에 참석한 연구자들은 DNA를 조작하는 실험으로 세상에 없던 유기체를 만들어내는 것이 옳은 일인지 의견을 나눴다.

Pollack, 1940-)은 메르츠의 실험 계획을 듣고 잠재적 위험성을 지적했다.[14] 원숭이 유래 바이러스인 SV40은 사람이나 쥐에 종양을 유도하기도 했다. 만약 SV40 DNA가 들어 있는 박테리오파지가 실험실 밖으로 빠져나가 사람이나 동물에 암을 유발한다면 어떻게 될까? 현실적으로 일어날 가능성은 높지 않았지만, 잠재적 위험성까지 정확하게 예측할 수는 없다는 지적이었다. 폴락은 메르츠의 지도교수인 폴 버그를 설득했다. 폴 버그는 결국 계획했던 실험을 포함한 재조합 DNA의 자발적 일시 중지(moratorium)를 선언했다. 1975년, 캘리포니아의 아실로마에 모인 연구자들이 이에 대한 대책을 논의하기 전까지, 학계는 위험할 수 있는 DNA 재조합 실험을 자발적으로 중단했다.

폴 버그 연구실에서 진행된 재조합 DNA 실험은, 서로 다른 종에서 유래한 DNA를 결합할 수 있다는 것을 시험관 수준에서 보여주었다. 그러나 이렇게 만들어진 융합 DNA를 살아 있는 생물에 넣는 실험은 반발에 부딪혀 진행되지 못했다. 이 와중에 재조합 DNA를 만들 수 있다는 것을 실제로 보여준 것은 다른 연구자들이었다. 이들은 스탠퍼드 대학 유전학과의 스탠리 코헨(Stanley N. Cohen, 1935-)과 UC샌프란시스코에서 연구하던 허버트 보이어(Herbert W. Boyer, 1936-)였다.

탄생

스탠리 코헨은 원래 대장균 안에 있는 플라스미드를 연구했다. 그는 항생제 저항성이 있는 박테리아의 플라스미드에 항생제 저항성을 부여하는 유전자가 있는 경우가 있으며, 항생제 저항성을 부여하는 유전자가 있는 플라스미드를 추출해 항생제 저항성이 없는 대장균에 넣으면 항생제 저항성을 보이지 않던 세균이 항생제 저항성을 보인다는 것을 확인했다.[15]

허버트 보이어는 대장균에서 EcoRI이라는 제한효소(restriction enzyme)를 처음으로 발견했다.[16] 제한효소는 DNA를 자르는 효소로, EcoRI은 GAATTC라는 염기서열을 인식하여 G와 AATTC 사이를 자를 수 있다. 스탠리 코헨과 허버트 보이어는 1972년 하와이에서 열린 학회에서 처음 만나 서로의 연구 내용을 공유했다. 두 사람은 그 자리에서 어떤 연구를 같이 할 수 있을지 논의했다. 그러던 중 아이디어가 떠올랐다.

스탠리 코헨이 가진 여러 플라스미드에는 각각 다른 항생제에 저항성을 부여하는 유전자가 있다. 허버트 보이어가 가진 효소는 플라스미드 안에 있는 한 부분을 정확히 자를 수 있다. 허버트 보이어의 제한효소로 스탠리 코헨의 플라스미드에서 암피실린(ampicillin)이라는 항생제에 저항성을 가지는 유전자 부분을 잘라낸다. 그리고 플라스미드에서 다른 항생제인 테트라사이클린(tetracycline)에 저항성을 가지는 유전자 부분도 잘라낸다. 이렇게 잘라낸 두 개의 플라스미드를 서로 붙여 대장균에 넣은 다음, 두 개의 항생제가 동시에 존재하는 배지 위에서 키우면, 두 가지 항생제에 저항성을 지닌 융합 플라스미드를 찾을 수 있지 않을까?

두 사람의 아이디어는 폴 버그가 시도하려고 했던

연구와 큰 차이가 없었다. 폴 버그의 연구가 사람에게 암을 유발할 수도 있는 동물 유래 바이러스를 박테리아에서 증식시키려는 시도였기에 걱정을 불러일으켰다면, 코헨과 보이어의 연구는 동물에 직접 감염되는 바이러스 DNA를 다룬 것이 아니었기에 큰 주목을 끌지 않았다.

1973년, 코헨과 보이어는 인공적으로 만들어낸 재조합 DNA를 살아 있는 대장균 세포에 넣어 증폭시킬 수 있다는 연구 결과를 발표했다.[17] 이들의 연구가 처음부터 학계에서 중요하게 받아들여졌던 것은 아니다. 그러나 분자생물학자들은 재조합 DNA 기술이 분자생물학 연구를 근본적으로 변화시킬 수 있다는 것을 곧 깨닫는다.

그때까지 진핵생물의 유전자 구조는 지놈의 크기가 박테리오파지나 박테리아 정도의 간단한 생물에 비해 수백, 수천 배 이상으로 너무 커서 연구할 엄두를 내지 못했다. 어쩔 수 없이 분자생물학의 주 연구 대상이 된 것은 박테리오파지나 박테리아 정도였다. 그런데 코헨과 보이어의 연구를 활용하면, 박테리오파지에서 다룰 수 있는 수 kb 정도의 작은 크기로 DNA를 잘라내어 유전자를 살펴볼 수 있었다. 재조합 DNA 기술의 등장으로, 박테리오파지나 세균 정도에서 수행되던 분자생물학 연구가 동물과 식물을 포함하는 모든 생물을 대상으로 확대될 수 있는 계기가 마련되었다.

분자생물학 연구의 도약을 가능하게 한 재조합 DNA 기술은 신약 개발에서도 결정적인 역할을 한다. 재조합 DNA 기술이 등장할 때 분자생물학 연구에 큰 변화를 일으킬 것을 예상했던 학자들이 드물었던 것처럼, 재조합 DNA 기술이 실용적인 (돈이 되는) 산물을 만들어낼 것이라고 예상한 사람은 드물었다. 그러나 진핵생물의 DNA를 세균에서 복제하는 것 이외에 DNA로부터 만들어지는 산물인 단백질을 세균에서 생산할 수 있지 않을까 하고 상상하는 사람들이 생겼다. DNA 재조합 기술의 실용적 응용은 전통적인 학계와 산업계의 경계면에서 싹트기 시작한다. 그리고 스탠퍼드 대학 생화학과 연구실의 '공유 문화'가 이 모든 시작을 가능하게 했다는 점을 잊어서는 안 된다.

제넨틱

로버트 스완슨(Robert A. Swanson, 1947-1999)은 MIT에서 화학과 경영학을 전공한 젊은이였다. 그는 과학에 흥미를 느껴 MIT에 입학했으나, 과학 연구보다는 사람들과 대화하는 것이 자신에게 어울린다는 것을 곧 깨달았다.

로버트 스완슨은 학교를 졸업하고 시티뱅크를 거쳐 벤처캐피탈인 클라이너앤드퍼킨스(Kleiner & Perkins)에서 일하고 있었다. 그는 폴 버그, 스탠리 코헨, 허버트 보이어 등이 시작한 재조합 DNA 기술 소식을 듣고 상업적인 응용을 꿈꿨다. 로버트 스완슨은 클라이너앤드퍼킨스의 고객사인 생명공학 회사 시터스(Cetus)에 재조합 DNA 기술 연구를 권했지만 받아들여지지 않았다. 이 와중에 클라이너앤드퍼킨스가 시터스와 결별하는 일까지 생긴다. 로버트 스완슨은 이를 계기로 회사에서 나와 독자적으로 재조합 DNA 기술의 상용화를 꿈꾸기 시작했다.

자유로워진 (실제로는 백수가 된) 로버트 스완슨이 처음 한 일은 재조합 DNA와 관련된 연구를 하는 학자들에게 연락해보는 것이었다. 1975년, 미국 캘리포니아 주 아실로마에서 회의가 열렸다. 유전자 연구의 잠재적 위험성을 어떻게 바라보고 관리할 것인지에 대해 논의하기 위한 모임이었다. 로버트 스완슨은 아실로마 회의에 참석한 재조합 DNA 연구자들의 명단을 구해 알파벳 순서대로 전화를 걸기 시작했다. 먼저 아실로마 회의가 시작하는 데 큰 역할을 했던 폴 버그에게 연락했지만, 폴 버그는 무명의 스완슨을 상대해주지 않았다. 알파벳 순서상 폴 버그(Berg)의 다음은 UC샌프란시스코의 허버트 보이어(Boyer)였다.

보이어는 스완슨의 전화를 받고 잠깐 시간을 내기로 했다. 둘은 맥주집에서 만나 이야기를 나누었고, 구체적인 사업을 해보기로 했다. 재조합 DNA 기술로 새로운 의약품을 생산하는 회사를 설립하기로 했고, 각각 500달러를 출자해 회사 설립에 드는 법률 비용도 분담했다. 허버트 보이어는 과학기술 분야에 대한 책임을, 로버트 스완슨은 회사의 대표로 경영을 맡기로 했다. 로버트 스완슨은 자신이 일했던 클라이너앤드퍼킨스에 사업계획서를 제출했다. 사업계획서에서 약 50만 달러의 초기 투자를 요청했지만, 10만 달러만을 투자받을 수 있었다.

로버트 스완슨은 회사의 이름을 HerBob으로 짓자고 허버트 보이어에게 제안했다. 허버트 보이어와 로버트 스완슨의 이름을 딴 것이었다. 허버트 보이어는 이름이 마음에 들지 않았는지 제넨텍(Genentech)이라는 이름을 이야기했고, 회사명은 제넨텍이 되었다. 리툭산®(rituxan®, 성분명: retuximab), 허셉틴®(herceptin®, 성분명: trastuzumab), 아바스틴®(avastin®, 성분명: bevacizumab), 퍼제타®(perjeta®, 성분명: pertuzumab) 등 혁신적인 항암 치료제를 만들었으며, 2009년 글로벌 제약기업 로슈(Roche)에 468억 달러의 가치로 완전히 합병된

제넨텍의 소박한 시작이었다.[18]

회사를 만들었으니 재조합 DNA 기술로 제품을 개발해야 했다. 제넨텍는 어떤 물건을 개발해야 할까? 제넨텍의 두 창업자는 인슐린(insulin)에 주목했다. 당뇨병 환자라면 주기적으로 투여받아야 하는 호르몬인 인슐린은 소나 돼지의 췌장에서 얻었다. 그러나 인슐린을 동물에서 채취하고 정제하는 데는 비용이 많이 들어갔다. 또한 동물성 인슐린에 함유된 미세한 불순물이 알러지 반응 등의 부작용을 일으킨다는 보고도 있었다.

인슐린은 두 개의 아미노산 사슬로 결합된, 모두 51개의 아미노산으로 구성된 단백질이다. 1958년 프레더릭 생어(Frederick Sanger, 1918-2013)는 인슐린의 아미노산 서열을 밝혔고, 1969년 도로시 호지킨(Dorothy Hodgkin, 1910-1994)은 인슐린 단백질 입체 구조를 알아냈다. 인슐린은 1970년대 중반까지 단백질 서열이 알려진 몇 개 안 되는 단백질이었다. 만약 인슐린을 재조합 DNA 기술로 세균에서 대량생산할 수 있다면, 동물의 췌장에서 인슐린을 채취하는 것보다 저렴한 비용으로 치료할 수 있을 것이었다. 또한 불순물로 인한 알러지 반응 걱정도 덜 수 있을 것이었다.

사람의 인슐린을 세균에서 생산하려면 사람 인슐린 유전자가 확보되어 있어야 하고, 이를 플라스미드와 결합해 세균에 넣어야 했다. 2003년, 인간 지놈 프로젝트가 완료되면서 사람의 유전자 지도가 완성되었고, 그 이후에도 기술이 계속 발전해 현재는 원하는 유전자를 분리하는 것은 기초적인 장비를 갖춘 분자생물학 실험실에서도 가능하다. 그러나 제넨텍이 처음 인슐린을 세균에서 만들려고 시도하던 1970년대에는 유전자에 대한 정보가 거의 없었다. 당시에는 유전자 서열을 분석하려면 사람의 30억 개 염기서열 가운데 특정한 유전자가 포함된 영역만을 재조합 DNA 기술로 분리하는 클로닝(cloning) 과정을 거쳐야 했다. 1970년대는 아직 인슐린 관련 유전자는 알려지지 않았고, 원하는 유전자를 분리하려면 몇 년의 시간이 걸리던 시절이었다.

그러나 인슐린의 아미노산 구성 정보는 밝혀져 있었다. 제넨텍은 이를 바탕으로 인슐린 아미노산을 만드는 합성 유전자를 만들어, 대장균에서 인슐린을 만들 수 있을 것이라 생각했다. 인슐린은 모두 51개의 아미노산으로 되어 있다. 3개의 유전자가 모여 하나의 아미노산을 만드니, 인공 유전자를 만들려면 150염기서열 이상의 DNA를 합성해야 했다. 현재는, 150염기서열 정도의 인공 유전자는 전문 업체에 주문하면 하루나 이틀 만에 합성해 배달까지 해준다. 그러나 1970년대 말의 기술로 이 정도의 인공 유전자를 합성하는 것은 어떤 과학자도 해보지 않았던 상상할 수 없는 엄청난 일이었다.

제넨텍은 첫 프로젝트로 소마토스태틴(somatostatin)을 골랐다. 인슐린이 아니라 소마토스태틴을 고른 이유는, 소마토스태틴이 아미노산 14개짜리 작은 단백질이기 때문이었다. 지금껏 누구도 박테리아에서 외래 생물의 단백질을 만들어본 경험이 없었다. 아미노산 51개로 구성된 인슐린처럼 '거내한' 단백질을 처음부터 만들려는 시도는 위험 부담이 컸다.

허버트 보이어는 개념증명(proof of concept) 차원에서 소마토스태틴을 먼저 만들어보자고 했다. 로버트

재조합 DNA 기술로 인슐린을 생산해내기 전까지, 1파운드(약 454g)의 인슐린을 얻기 위해선 돼지 췌장 10,000파운드가 필요했다.

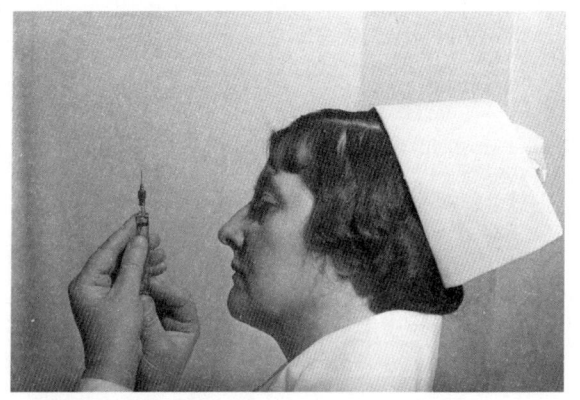

돼지의 췌장에서 채취한 인슐린을 주사하려는 간호사(1938)

스완슨은 상업적으로 이용가치가 없는 소마토스태틴 합성 시도가 시간 낭비라고 생각해 둘의 의견이 충돌했지만, 결국 보이어가 주장한 단계적인 접근에 스완슨이 동의했다. 재조합 DNA 기술로 소마토스태틴과 같은 단백질을 대장균에서 만드는 데 좀더 많은 투자를 유치할 수 있다는 설득을 스완슨도 받아들였다.

제넨텍은 LA에 있던 시티 오브 호프 병원(City of Hope Hospital)의 과학자 두 명에게 소마토스태틴 유전자 합성을 아웃소싱했다. 제넨텍의 부탁을 받은 케이이치 이타쿠라(Keiichi Itakura, 1942-)와 아서 릭스(Arthur Riggs, 1939-)는 합성 유전자를 만들어 세균에서 발현시킬 재조합 플라스미드를 만들고, 이를 세균에 넣어 단백질이 만들어지는지 관찰했다.

첫 번째 시도에서 소마토스태틴은 검출되지 않았다. 무엇이 문제였을까? 소마토스태틴은 아미노산이 14개 밖에 안 되는 작은 단백질이라, 대장균 안에서 만들어지자마자 단백질 분해효소를 만나 분해되어버렸는지도 모른다.

제넨텍의 두 번째 시도는 대장균 단백질인 베타-갈락토오스 분해효소의 끝에 소마토스태틴을 연결해 단백질을 만들어보는 것이었다. 베타-갈락토오스 분해효소는 대장균에서 잘 만들어지는 것으로 알려져 있었고, 1,024개의 아미노산으로 구성된 덩치가 큰 단백질이었다. 베타-갈락토오스 분해효소 끝에 작은 외래 단백질인 소마토스태틴을 끼워 넣어, 베타-갈락토오스 분해효소가 만들어질 때 소마토스태틴도 함께 만들어질 수 있도록 하려는 것이었다. 3개월 만에 소마토스태틴이 정상적인 융합 단백질 형태로 만들어지는 것을 확인했다.[19]

소마토스태틴은 그 자체로 실용성이 있는 물질은 아니었지만, 재조합 DNA 기술을 이용해 세균에서 동물 유래의 단백질을 생산할 수 있다는 실증을 해낸 것이었다. 소마토스태틴 합성과 인슐린 합성은 기술적으로 차이가 크지 않았다. 이후 제넨텍은 인슐린 합성에 성공했다. 재조합 인슐린은 1982년 FDA로부터 판매 승인도 얻었다.

인슐린, 성장호르몬, 팩터 VIII

1979년, 제넨텍은 191개의 아미노산으로 이루어진 인간 성장호르몬(human growth hormone)을 대장균에서 생산하는 데 성공했다. 재조합 인간 성장호르몬은 성장 저해를 겪고 있는 어린이 치료용으로 1985년에 FDA 승인을 받았다. 허버트 보이어의 자녀 가운데 한 명은 성장 상태가 좋지 않았다고 한다. 의사는 성장호르몬에 문제가 있을 수 있다는 이야기를 했고, 허버트 보이어는 성장 저해를 겪는 어린이들에게 투여할 수 있는 성장호르몬을 만들어낼 수 있으면 좋겠다는 생각을 가지게 되었다. 허버트 보이어는 성장호르몬 개발이 제넨텍을 공동 창업하게 된 동기였다고 밝히기도 했다.[20]

1984년, 제넨텍은 혈액응고 단백질인 팩터 VIII(factor VIII)의 재조합 생산에도 성공했다. 팩터 VIII은 사람의 혈액에서 추출한 단백질로, 혈액 응고에 문제가 있는 혈우병 환자를 치료하는 데 쓰이던 단백질이었다. 그런데 1980년대 초 에이즈(AIDS)가 사람들을 공포로 몰아넣었다. 팩터 VIII을 추출하려고 제공받은 혈액이 에이즈에 감염된 사람의 것이라면, 추출한 팩터 VIII도 에이즈 바이러스(HIV)에 오염되어 감염의 원인이 될 수 있다는 지적이 나왔다. 혈우병 증상을 완화하려다가 에이즈에 걸릴 수도 있다는 공포는, 사람 혈액에서 백터 VIII을 추출하는 대신 재조합 DNA 기술로 팩터 VIII 단백질을 생산하는 연구를 자극했다.

팩터 VIII는 2,322개의 아미노산으로 이루어진 커다란 단백질이라, 대장균에서 생산이 불가능했다. 따라서 대장균이 아닌 다른 동물세포에서 재조합 단백질을 생산하는 기술이 필요했다. 1989년, 동물세포인 중국 햄스터 난자에서 유래한 세포주(chinese hamster ovary, CHO)를 이용하면 팩터 VIII 재조합 단백질을 생산하고 정제하여 혈우병 환자에게 투여할 수 있다는 연구가 발표되었다.[21]

제넨텍은 1990년대까지 재조합 인슐린, 인간성장호르몬, 인터페론 알파-2A, 조직형 플라스미노겐 활성인자(tissue plasminogen activator, tPA) 등의 여러 단백질 의약품 상업화에 성공했다. 제넨텍이 1980년대 중반까지 개척한 1세대 바이오 의약품, 즉 재조합 단백질 의약품은 완전히 새로운 약은 아니었다. 인슐린, 인간성장호르몬, 팩터 VIII 등은 모두 동물 조직에서 유래한 단백질이었고, 생물학적 효용에 대해서도 알려져 있었으며, 의료 현장에서도 이미 사용되고 있었다. 제넨텍은 재조합 DNA 기술을 이용해 좀더 싸고 효율적으로 생산하는 방법을 찾은 것이었다. 일종의 공정 개선 개발이었다.

그러나 제넨텍에도 1980년대 중반이 되면서 문제가 생겼다. 이미 알려진 동물에서 유래한 치료용 단백질을 대부분 재조합 DNA 기술로 만들어, 더 이상 신상품으로 개발할 단백질이 없어진 것이다. 제넨텍은 멈추지 않았다. 재조합 DNA 기술로 기존에 있던 단백질 의약품 생산을 혁신하는 것을 넘어, 치료약이 없다고 알려진 질병을 치료할 수 있는 신약을 개발하고자 했다. 물론 제넨텍의 재조합 DNA 기술과 이를 이용한 재조합 단백질 생산 기술로 완전히 새로운 치료제를 만들기 위해서는, 질병 메커니즘에 대한 분자 수준의 더 정확한 이해가 필요했다.

EGF와 EGFR

1980년대 1세대 바이오 의약품 개발과 생산이 자리를 잡자, 다시 '이제 무엇을 할 것인가'에 대한 질문에 답을 찾아야 했다. '생산에 성공한 단백질 의약품을 지금보다 더 효율적으로 생산하는 방법'에 찾을 것인가? 아니면 재조합 DNA 기술로 '세상에 없던 신약'을 만들 것인가? 많은 바이오테크들은 후자의 길을 골랐다. 그리고 새로운 고민에 빠졌다. 어떤 질병을 치료할 것이며, 그 질병을 치료하려면 어떤 타깃을 선택해 공략해야 할까?

1970년대 후반 분자생물학자들은 바이러스 유래 암 유전자가 정상 세포 유전자와 거의 비슷하다는 것을 발견하였다. 자연스럽게 바이러스 유래 암 유전자를 찾는 데 연구자들은 집중했다. 그런데 이들과는 다른 방향으로 암 유발 유전자를 찾던 분자생물학자가 있었다. MIT 대학의 로버트 와인버그(Robert A. Weinberg, 1942-)라는 젊은 교수였다.

로버트 와인버그는 돌연변이로 인한 정상 유전자 변화가 암을 유발한다는 가설을 바탕으로 암세포에서 DNA를 추출했다. 이렇게 추출한 암세포 DNA를 (지금은 잘 사용하지 않지만 당시에는 최신 기술이었던) 인산칼슘(calcium phosphate)을 이용한 형질주입(transfection) 기법으로 정상 세포에 집어넣었다.[22] 정상 세포를 암세포로 변화시키는, 암세포 DNA에서의 유전자 변화를 찾는 것이 목표였다. 1982년, 와인버그는 이런 방법으로 인간 방광암세포에서 얻어낸 암 유전자가 이전까지 바이러스 유래 암 유전자로 알려졌던, 세포신호전달에 관계하는 *RAS* 유전자와 같지만 한 가지 아미노산에 돌연변이가 있다는 것을 밝혔다.[23] 암이 한 유전자에서 생긴 돌연변이로 발병할 수 있다는 것을 증명한 것이었다.

마찬가지 방법으로 와인버그 연구실에서는 쥐의 신경아세포종(neuroblastoma, 신경세포에 발병하는 대표적인 소아암) 암 유전자도 발견했다.[24] 이 암 유전자에 의해서 만들어지는 단백질은 185kDa에 달하는 단백질로 인산화되며, 그때까지 발견된 다른 암 유전자와는 달리 세포막에 위치했다. 연구팀은 이 유전자를 신경아세포종(neuroblastoma)의 앞 글자를 따 *Neu*라고 불렀다.[25]

와인버그 연구팀은 *Neu*에 특이적으로 결합하는 항체를 가지고 있었고, 연구에 집중했더라면 빠른 시일 안에 눈에 보이는 성과를 냈을지 모른다. 그러나 와인버그 연구팀은 *Neu* 발견과 비슷한 시기에 *RAS* 유전자의 단 한 가지 돌연변이 때문에 암이 발생한다는 중요한 결과도 찾았다. 아마도 후자의 발견에 흥분했을 연구진은 정확한 정체를 모르던 *Neu*는 잠시 접어두었던 것 같다.

와인버그 연구팀이 찾아낸 *Neu* 유전자가 구체적으로 어떤 일을 하는지 알아보기 전, 시계를 거꾸로 돌려 1960년대로 돌아가보자. 1960년, 밴더빌트 대학의 스탠리 코헨(Stanley Cohen, 1922-, 허버트 보이어와 재조합 DNA 기술을 개발한 스탠리 N. 코헨과는 다른 사람)은 쥐의 턱밑샘에서 추출한 물질을 갓 태어난 쥐에 주사하는 실험을 했다. 주사를 맞은 어린 쥐는 다른 쥐들보다 이가 빨리 돋거나, 눈꺼풀이 빨리 열렸다. 스탠리 코헨은 이런 현상을 일으키는 것이 약 54개의 아미노산으로 이루어진 작은 단백질이라는 것을 확인했다. 이 단백질은 세포 밖으로 분비되어 다른 세포 표면에 접촉해 상피세포 등 여러 종류의 세포를 분화시키고 성장을 촉진시키는 성장인자(growth factor)였다. 단백질의 이름은 상피세포성장인자(epidermal growth factor, EGF)로 붙여졌다.

1976년, 코헨 연구실의 박사후 연구원이던 그레이엄 카펜터(Graham Carpenter)는 상피세포성장인자에 동위원소를 표지해 세포에 처리해보았다. 그는 이 실험으로 세포 표면에 EGF와 특이적으로 결합하는 부위가 있다는 것을 알게 되었다. 또한 이 부위가 세포 내 섭취(endocytosis) 과정을 거쳐 세포 안으로 흡수된다는 것도 확인했다.[26] 생체막에 EGF에 특이적으로 결합하는 분자량 170,000 정도의 단백질이 있으며, 이 단백질에 EGF를 처리하면 인산화되는 성질을 가지고 있었다.[27]

이렇게 발견된 단백질에는 상피세포성장인자 수용체(epidermal growth factor receptor, EGFR)라는 이름이 붙었다. 바이러스 암 유발 단백질의 상당수가 타이로신 인산화효소인 것처럼, EGFR도 타이로신 인산화효소의 활성을 가지고 있었다. 세포의 신호전달과 암에서 중요한 역할을 하는 수용체 타이로신 인산화효소(receptor tyrosine kinase, RTK)는 이렇게 발견되었다.

HER2

암 발생 메커니즘이 하나씩 밝혀지던 1970년대 말, 제넨텍도 암 발생 메커니즘에 관심을 갖기 시작한다. 제넨텍에서 연구하던 독일 출신 분자생물학자 악셀 울리히(Axel Ullrich, 1943-)는 앞으로 신약의 타깃이 될 만한 단백질/유전자를 연구하는 타깃 발견 프로그램을 이끌고 있었다.[28] 울리히는 제넨텍에서 인슐린 생산을 위해 사람의 인슐린 유전자를 처음으로 클로닝한 경험이 있었다. 연구 과정에서 자연스럽게 인슐린유사성장인자(IGF-2)처럼 세포의 성장을 유도하는 각종 성장인자(growth factor)와 이들의 수용체(recepter)에 관심을 가지게 되었다. 암은 세포가 제어되지 않고 계속 성장하는 것이므로, 울리히는 세포가 성장하는 것을 조절하는 인슐린이나 EGF, 혈소판유래성장인자(platelet derived growth factor, PDGF) 등 각종 성장인자와 여기에 결합하는 수용체를 파악하면 새로운 암 치료제의 타깃을 찾을 수 있을 것이라고 생각했다. 울리히는 참으로 막연한 기대를 품고 수용체 연구를 시작했다.

1970년대 말이 되면서 EGF, 신경성장인자(nerve growth factor, NGF), 인슐린유사성장인자, 암화성장인자(transforming growth factor-alpha, TGF-alpha) 등 여러 성장인자 유전자를 클로닝할 수 있게 되었다. 성장인자들이 200여 개의 아미노산으로 이루어진 것에 비해, 이들을 인식하는 성장인자 수용체는 1,000여 개가 넘는 아미노산으로 구성된 커다란 단백질이었다. 상대적으로 큰 성장인자 수용체 유전자를 클로닝하는 것은 1980

년대가 되어서야 가능해졌다.

1984년, 영국 왕립 암 연구소(Imperial Cancer Research), 이스라엘 와이즈만 연구소(The Weizmann Institute), 제넨텍 공동 연구팀은 EGFR이 다른 세포보다 50배 이상 더 많이 발현되는 (표피암을 앓고 있는 85세 여성 환자의 암세포에서 유래한) 암세포주인 A431에서 EGFR을 정제하고 펩타이드 서열 분석을 시도했다. 분석 결과 EGFR의 펩타이드 서열은 기존에 바이러스 유래 암 유발 유전자로 알려졌던 *v-erb-B*의 펩타이드 서열과 거의 일치했다. 또한 바이러스 유래 암 유전자인 *v-src*의 타이로신 인산화효소 서열과도 비슷했다.[29] *src* 유전자처럼 *EGFR* 유전자가 바이러스에 의해서 '납치' 되어 암 유전자로 작용한다는 뜻이었다. EGFR과 암이 뭔가 관련이 있다는 것을 보여주는 결과였다.

1984년, 울리히 연구팀은 사람 유래 EGFR의 아미노산 서열 전체를 발표했다.[30] EGFR은 1,210개의 아미노산으로 구성된 단백질이었다. C 말단 영역에는 *v-erb-B*와 거의 일치하는 서열, 즉 타이로신 인산화효소로 예측되는 영역이 있었다. 이 영역은 세포 안에 있을 것이라 예상했다. 중간에 생체막 통과 도메인(transmembrane domain)이 있고, 단백질 N 말단에는 EGF와 결합할 것으로 예측되는 부분이 있었다. 이 부분은 세포막 외부에 노출되어 EGF와 결합할 것으로 보았다. 이와 동시에 와인버그 연구팀이 전에 발견했던 암 유전자 *Neu*가 *v-erb-B*와 유사하며, 와인버그 연구팀이 이미 만들었던 *Neu*에 대한 항체가 EGFR을 인식한다는 것도 발견했다.[31] 다만 EGFR과 Neu는 비슷한 단백질이었지만, 완전히 같은 단백질은 아니었다. EGFR의 분자량이 약 170,000 정도인 단백질이라면, Neu는 분자량 185,000으로 EGFR보다 조금 더 큰 단백질이었다.

1980년에는 특정 유전자와 비슷한 유전자를 찾기 위해, 유전자 라이브러리라는 전체 유전자가 담긴 집합체에서 이미 유전자 서열을 알고 있는 유전자 조각을 탐침(probe)으로 활용했다. 1985년, 울리히 연구팀은 *EGFR* 유전자를 탐침을 이용해 원래의 EGFR과 상동성(homology)을 지니는 별도 유전자를 찾아냈다.[32] 인간

제넨텍 초기 구성원들. 왼쪽부터 데니스 클라이드(Dennis Kleid), 데이비드 괴델(David Goeddel), 아트 레빈슨(Art Levinson), 허브 헤이네커(Herb Heyneker), 피터 시버그(Peter Seeberg), 딕 론(Dick Lawn); 악셀 울리히(Axel Ullrich)

상피세포성장인자 수용체 2(human EGFR 2, HER2)의 발견이었다.

HER2는 처음으로 발견한 인간 상피세포성장인자 수용체(HER1)에 비해 약간 긴 1,255개의 아미노산을 가지고 있었고, 전반적인 구조는 HER1과 비슷했다. 세포 외부에 위치하는 N 말단 영역 도메인, 하나의 생체막 통과 도메인, 세포 내부에 있는 C 말단 도메인에 타이로신 인산화효소가 있었다. 이 유전자가 바로 와인버그 연구실에서 발견한 *Neu*와 동일한 유전자였다.

1980년대 중반까지 사람에게 EGFR과 비슷한 유전자가 여럿 있다고 알려졌다. 이들이 암세포에서 많이 만들어지고, 동물에서 암을 유발하는 바이러스 중에서 EGFR 유전자 서열과 비슷한 것이 있다는 사실들이 알려졌다. 이는 암세포주나 동물 수준에서 확인된 것으로, 암에 걸린 사람에게도 비슷한 일이 일어나는지는 아직 정확히 몰랐다. 암이 발생하는 기본적 메커니즘에 EGFR이 관련 있을 것이라고 암시하는 중요한 발견이었다. 단 암세포주나 동물에서 확인한 결과가 인간

암 환자에게도 일어나는지, 그리고 암 환자를 치료하는 신약 개발로 이어질 수 있을지에 대해서는 정보가 부족했다.

1986년, 울리히는 UCLA에서 열린 세미나에서 제넨텍의 연구 결과를 소개했다. 세미나에는 UCLA 의과대학 종양전문의였던 데니스 슬라몬(Dennis Slamon, 1948-)도 참석하고 있었다. 슬라몬은 울리히에게 협력 연구를 제안했다. 제넨텍의 울리히는 인간에게 암을 발생시킬지도 모르는 타깃 유전자를 가지고 있었고, 슬라몬은 암 환자에게서 유래한 시료를 많이 가지고 있었다. 암 환자 시료 가운데 HER1이나 HER2가 비정상적으로 많이 있거나 활성화된 것이 있을지 모르는 일이었다. 만약 그런 환자가 있다면 HER1이나 HER2의 활성을 억제해 암을 치료할 방법의 실마리를 얻을 수 있지 않을까? 울리히는 제넨텍이 확보한 유전자를 슬라몬에게 보내주었고, 슬라몬은 암 환자 시료에서 해당 유전자들이 어떤 상태로 있는지를 조사했다.

슬라몬이 얻은 결과는 특이했다. 일부 유방암 환자

에게서 *HER2* 유전자가 복제되어 증폭되어 있었지만, 그렇지 않은 유방암 환자도 있었다. 환자의 임상 기록은 더욱 특이했다. 정상적인 경우에 한 쌍의 염색체에 하나씩 있는 *HER2* 유전자가 다섯 개로 증폭된 유방암 환자는 예후가 훨씬 나빴으며, 암이 다른 기관으로 더 많이 전이되었다.[33]

HER2와 암 발생과의 관계를 입증하기 위해서는 더 많은 연구가 필요했다. 우선 *HER2* 유전자를 세포주에서 인위적으로 많이 만들어 면역 능력이 없는 쥐(누드마우스)에 주사했다. 쥐는 암에 걸렸다.[34] *HER2* 유전자가 세포에서 많이 만들어지며 쥐에서 암을 유도한다는 것은 확인한 셈이다. 과발현된 HER2 단백질의 활성을 억제하면 암도 억제되지 않을까?

문제는 HER2 단백질의 활성을 억제하는 방법이었다. 울리히는 단일클론항체에 주목했다. 단일클론항체는 특정한 단백질에 특이적으로 결합하며, 단백질의 기능을 억제할 수 있을 것이라고 생각했다. 단일클론항체는 1970년대에 확립된 기술이었고, 의약품에 응용할 수 있는 가능성도 훨씬 전부터 이야기되었다. 그러나 항체가 과연 몸속에서, 특정한 단백질과 결합해 단백질의 기능을 억제하는 약으로 작동할 수 있을지에 대해서는 여전히 의문이었다. 단일클론항체는 단백질이다. 약으로 사용되는 일반적인 저분자 화합물처럼 세포막을 뚫고 세포 내부로 들어갈 수도 없다. 따라서 암세포에도 침투할 수 없을 것이고, 세포 안의 단백질과 결합하는 것도 어려울 것이다.

그런데 HER2는 생체막에 위치하고 있고, EGF 등의 성장인자와 결합하는 부분이 세포 외부에 노출되어 있다. 만약 HER2 생체막 외부에 있는 EGF에 결합하는 부위와 이를 특이적으로 인식하는 항체가 결합하여 EGF가 HER2와 결합하는 것을 억제한다면, HER2의 활성을 억제할 수 있을지도 모른다. 이러한 가설을 확인하려는 연구는 계속되었다.

먼저 HER2를 특이적으로 인식하는 4D5라는 단일클론항체를 만들어 HER2가 많이 만들어지는 암세포에 처리하자 암세포 성장이 억제되었다.[35] HER2를 인식하는 항체를, 인간 종양을 이식한 쥐에 주입해보니 종양 성장은 억제되었다.[36] 배양세포주와 동물모델에서는 HER2에 결합하는 항체가 종양의 성장을 억제한다는 사실이 증명되었다. 단일클론항체가 '쥐의 암을 고칠 수 있는 약'이 될 수 있다는 것을 확인한 것이다. 다만 아직 예비 결과였고 신약으로 개발하려면 사람에게도 효과가 있음을 보여야 했다. 쥐가 아닌 사람에게 항체를 사용하려면 쥐의 항체가 사람의 몸속에서 면역반응을 유도하여 무력화되는 것을 극복해야 했다.

허셉틴®

1990년대에 들어서 제넨텍의 울리히와 UCLA의 슬라몬의 연구로, 특정한 질병을 치료할 수 있는 약을 만들 때 필요한 세 가지 요소를 갖추었다. 암을 유발하는 단백질, 이 단백질이 많이 만들어지는 특정한 암, 이를 억제할 수 있는 요소인 항체라는 세 가지 조건이 마련되었지만, 제넨텍은 프로젝트를 쉽게 추진하지 않았다.

1980년대에 추진된 제넨텍의 여러 암 관련 프로젝트는 모두 눈에 띄는 성과를 못 내고 있었다. 제넨텍 경영진은 울리히가 주도한 HER2 프로젝트도 회의적으로 보았다. 특히 지금껏 약으로 성공한 사례가 없는 단일클론항체로 암 치료제를 만들겠다는 계획은 경영진에 지나친 모험으로 받아들여졌다. 결국 울리히는 제넨텍을 나와 독일 막스플랑크 연구소로 옮겼다.

울리히가 제넨텍을 떠난 이후에도 슬라몬은 HER2 프로젝트의 불씨를 살리려 노력했다. 그러나 노력이 결실을 맺으려면 아직도 넘어야 할 기술적 장벽이 있었고, 어쩌면 기술적 장벽보다 높은 불신의 장벽이 있었다.

특정 단백질에 결합하는 단일클론항체를 하이브리도마 기술로 만드는 방법은 1970년대에 개발되었지만 곧바로 신약으로 연결되지 않았다. 하이브리도마를 이용한 단일클론항체는 쥐 유래 세포에서 만들어진 쥐의 항체다. 쥐의 항체는 인간 면역계에서 외부의 것으로 인식되고, 사람 몸은 외래 물질로 인식한 쥐의 항체에 결합해 무력화하는 항체를 다시 만든다. 쥐의 항체가 표적 단백질에 접근하기도 전에 쥐 항체를 인식하는 인간 유래 항체에 결합하면, 쥐 항체는 무력화되어 약효를 나타낼 수 없다.

1980년대에 쥐에서 유래한 단일클론항체를 혈액암 환자에게 적용하려는 시도가 있었다. 그러나 쥐 유래 항체는 무력화되었고, 치료 효과를 얻지도 못했다.[37] 항체를 인간에게 의약품으로 사용하려면 쥐의 단일클론항체가 아닌, 인간 면역계가 외래 물질로 인식하지 않는 인간 유래 단일클론항체가 필요했다.

쥐에서 단일클론항체를 만드는 데 사용했던 하이브리도마 기술로 인간 단일클론항체를 만드는 것은 현실적으로 불가능했다. 쥐에서라면 원하는 항원으로 면역화하여 이를 만드는 B세포를 분리할 수 있다. 그러나 사람에게 일부러 병에 걸리게 하고, 환자 가운데 면역이 생긴 사람에게서 분리한 B세포로 치료제를 만드는 것은 윤리적으로 받아들여질 수 없었다. 물론 기술적으로도 불가능했다.

그럼에도 언제나 방법은 찾게 마련이다. 고대 그리스 신화에 나오는 키마이라 혹은 키메라(chimera)는 사자의 머리, 염소의 몸통, 뱀의 꼬리를 가졌다고 한다. 원하는 것을 원하는 곳에 마음대로 가져다 붙인 괴물이다. 앞서 항체는 인식하는 항원에 따라서 달라지는 변화영역과, 항체의 종류와 관계없이 존재하는 공통영역으로 나뉜다는 것을 살펴보았다. 쥐와 사람은 같은 포유동물이기에, 사람과 쥐의 항체는 기본 구조가 비슷하다. 특정 항원을 인식하는 쥐 유래 단일클론항체 유전자에서 항원을 인식하는 변화영역을 떼어, 인간 항체의 변화영역에 갈아 끼우는 키메라 항체(chimeric antibody)를 만든다면 어떨까?

재조합 DNA 기술로 쥐 유래 단일클론항체 유전자의 변화영역과 사람 항체의 공통 영역을 가진 키메라 항체는, 쥐 유래 단일클론항체와 같은 항원 결합 능력을 가진다는 논문이 1984년에 발표된다.[38] 단 키메라 항체도 쥐에서 유래한 항체의 상당 부분을 가지고 있어, 사람 몸속에서 외래물질로 인지되어 어느 정도 면역반응을 일으킬 수 있었다. 연구자들은 쥐에서 유래한 요소를 최대한 제거하고, 항원을 결합하는 데 필요한 쥐 항체의 영역만을 인간 항체에 이식해야 했다.

1986년, 영국 MRC-LMB의 그레고리 윈터(Gregory P. Winter, 1951-) 연구팀은 쥐 유래 항체에서 항원과의 결합에 꼭 필요한 영역을 파악하기 위해 항체의 3차원 구조를 분석했다. 그리고 항원과 결합하는 데 꼭 필요한 부분이 어디인지 관찰했다. 3차원 구조 분석으로 항원과 결합하는 데 꼭 필요한 영역인 상보성 결정부위 영역(complementarity determining region, CDR)이 어디인지를 파악하고, 인간 항체의 CDR 부분을 쥐 항체의 CDR 부분으로 대치하면, 인간 유래 항체에 쥐에서 분리한 단일클론항체의 항원 결합 능력을 부여할 수 있음을 보여주었다.[39] 항체의 대부분은 인간 유래 항체지만, 항원을 결합하는 항체의 극히 일부분만 쥐에서 유래한 항체로 이루어진, 인간화 항체(humanized antibody)를 만든 것이다.

인간 림프구를 인식하는 쥐 유래 항체의 CDR 부분

을 인간 항체에 도입해 만든 인간화 항체는, 원래 쥐 항체처럼 인간 림프구를 인식해 림프구를 용해시킬 수 있었다.[40] 즉 쥐 유래 항체의 항원 결합 능력을 인간 항체에 이식해, 사람에게서 면역거부를 일으키지 않는 항체를 만들어 치료에 활용할 가능성이 열린 것이다.

슬라몬은 HER2 프로젝트의 불씨를 살리려 애썼다. 제넨텍 경영진의 불신은 여전했지만 슬라몬의 열성적인 노력은 제넨텍 내부의 몇몇 과학자들의 지지를 이끌었다. 마이클 비숍 연구실에서 바이러스 유래 암 유전자인 *src*가 인산화효소임을 발견했던 아서 레빈슨(Arthur D. Levinson, 1950-)과 데이비드 보트스타인(David Botstein, 1942-) 등 비록 슬라몬을 지지하는 연구자들의 수는 적었지만, 이들의 열성적인 지지로 HER2 프로젝트는 계속될 수 있었다.

쥐에서 얻은 단일클론항체가 종양이 주입된 쥐의 암 성장을 억제하므로, HER2 항체가 적어도 동물실험에서는 암을 억제할 수 있다는 결과를 얻었다. 이 결과를 사람에게 적용해 약을 만들려면, 쥐에서 얻어진 항체를 인간화해야 했다. 그레고리 윈터 연구팀에서 항체 인간화 기술을 배운 제넨텍의 젊은 과학자 폴 카터(Paul Carter)가 중심이 되어, 전에 발견한 HER2를 인식하는 쥐 유래 단일클론항체의 인간화 작업을 시작했다.

우선 쥐에서 유래한 HER2 항체 4D5의 CDR 영역을 인간 항체에 도입하였다. 단순히 CDR 영역을 쥐 항체의 것으로 바꾼 항체는 HER2에 매우 강력하게 결합했지만, 유방암세포를 억제하는 능력은 보여주지 않았다. 그래서 CDR 영역 이외에도 CDR 영역 사이를 연결하는 프레임워크(framework) 영역의 아미노산 5개를 쥐에서 유래한 항체로 바꾸는 작업을 추가했다. 그러자 항체의 결합력은 약 250배 이상 강해졌고, 쥐 항체와 비슷한 수준으로 암세포의 성장이 억제되었다.[41] 인간화된 항체의 성분명은 트라스투주맙(trastuzumab)으로 지어졌다.

HER2에 결합하는 인간화된 항체는 1990년 여름에 최종 준비되었다. 이제 HER2에 결합하는 항체가 *HER2* 유전자가 증폭된 유방암 환자들에게 치료 수단이 될 수 있는지 확인할 차례였다. 제넨텍 경영진에서도 연구를 지지하는 사람이 나왔다. 제넨텍 부사장이었던 빌 영(Bill Young, 1942-)의 어머니가 유방암 진단을 받았는데, 환자 가족 입장이 된 빌 영은 유방암 치료제가 서둘러 개발되기를 희망했다. 그는 HER2 프로젝트의 적극적인 후원자가 되었다.[42]

1992년, 데니스 슬라몬은 15명의 환자를 대상으로 임상1상을 시작했다. 환자들은 모두 암 조직에서 HER2 단백질이 많이 만들어지고 있는 것이 확인된 말기 유방암 환자들이었다. 환자 가운데는 바바라 브래드필드라는 50세의 여성이 있었다. 1990년에 유방암을 진단받고 유방절제수술과 7개월에 걸친 화학요법을 받은 상태였다. 그러나 유방암은 재발했고 전이까지 된 상태였다. 사실상 죽음이 눈앞에 와 있었다. 1991년 브래드필드는 데니스 슬라몬의 전화를 받았다. 브래드필드의 유방암 샘플을 검사한 결과 HER2가 많이 검출되었기 때문이다. 브래드필드는 트라스투주맙 항체의 임상시험에 대상이 될 이상적인 조건을 갖추고 있었다. 임상시험에 참여해보자는 데니스 슬라몬의 권유에, 브래드필드는 처음에는 거절했다. 데니스 슬라몬은 다시 브래드필드에게 전화를 걸었고, 슬라몬의 간청에 마침내 브래드필드는 임상시험에 참여하기로 했다.

트라스투주맙 임상시험이 시작되었다. 환자들에게 9주 동안 트라스투주맙과 화학요법제가 같이 투여되었다. 환자 가운데 브래드필드가 가장 좋은 예후를 보였다. 목으로 전이되었던 종양은 점점 줄어들었다. 단 모든 환자가 브래드필드만큼 좋은 결과를 얻지는 못했다. 한 명은 치료를 시작한 첫 주에 신장 파열로 사망하였고, 아홉 명은 부작용과 정신적인 이유로 임상시험 도중에 하차했다. 다섯 명의 환자들만, 계획했던 임상시험을 마칠 수 있었다. 1993년, 18개월의 치료가 끝났고 바바라 브래드필드는 살았다. 그는 15명의 환자 가운데 2018년 현재까지 살아남은 유일한 사람이다.[43]

1993년, 제넨텍은 다음 단계의 소규모 임상시험을 준비하기 시작했다. 첫 임상시험에서 항체가 유의미한 항암 효과를 내는지 입증되지 않았으므로, 소규모 환자를 대상으로 한 통제된 임상시험이 필요했다. 1993년, 임상2상에서는 100명 이내의 환자가 대상이었다. UC 샌프란시스코, UCLA, 뉴욕의 슬로안-캐터링 암 센터의 환자들이 임상시험 참여를 준비했다. 그런데 '기적의 약'에 대한 소문이 유방암 환자들 사이에 퍼져나가기 시작했다.

HER2 단백질이 과발현된 유방암 환자는 예후가 나쁜 환자군에 속한다. 트라스투주맙은 HER2 단백질이 과발현된 환자에게서만 효과를 보였는데, 이런 이유를 들어 유방암 환자 단체를 포함한 활동가들은 제넨텍에 동정적 사용(compassionate use)을 요구했다. 동정적 사용은 확대 적용(expanded access)이라고도 불린다. FDA의 사용 허가를 아직 받지 않은 의약품 가운데 임상 3상 등의 후기 개발 단계에 접어들었고, 이전 단계 임상시험에서 어느 정도 질병을 치료할 수 있다는 증거가 확보된 의약품을, 생명을 위협하는 중대한 질병에 걸린 환자들에게 처방할 수 있도록 해주는 프로그램이다. 2004년부터 2015년까지 10,939건의 개발 단계 의약품에 대

한 사용 요청이 있었고, 이 가운데 99.7%가 사용 허가를 받았다.[44]

말기 유방암 환자권익수호 단체에서는 생명을 연장해줄 수도 있는 약이 있는데 '왜 환자들이 죽어야 하는가?'라는 구호를 들었다. 그러나 제넨텍 입장에서는 통제된 조건에서 트라스투주맙의 효과가 있는지 확인하지도 못했는데, 동정적 사용으로 너무 많은 환자가 임상시험에 참여하는 것이 반갑지 않았다. 시간이 지남에 따라 제넨텍에 대한 비난의 목소리가 커졌고, 유방암 환자면서 환자권익수호 단체의 활동가였던 마티 넬슨이 사망하면서 상황은 좀더 격화된다.

산부인과 의사였던 넬슨은 유방암이 재발한 이후 HER2에 대해서 알게 되었다. 임상시험 참여를 위해 HER2 검사를 희망했지만, 보험회사는 임상시험 단계 약물에 대한 HER2 검사를 허가하지 않았고, 제넨텍은 HER2 양성 판정이 없는 환자가 임상시험에 참가하는 것을 허용하지 않았다. 뒤늦게 넬슨은 환자권익수호 단체 네트워크의 도움으로 검사를 받았다. 검사 결과 넬

바바라 브래드필드는 유방암으로 유방절제수술과 7개월에 걸친 화학요법을 받았지만, 유방암이 재발하고 전이까지 일어났다. 그녀는 제넨텍의 트라스투주맙 임상시험에 참여했고 지금까지 건강하게 살아 있다.

슨의 암 조직에 HER2가 과발현되어 트라스투주맙 임상시험에 적당한 대상이라는 것이 판명되었지만, 때는 이미 늦어 넬슨은 사망했다. 제넨텍 회사 앞에 시위대가 등장했고, 제넨텍은 임상시험 과정에서 유방암 환자권익수호 단체와 협력하기로 했다.[45]

1995년, 제넨텍은 전국 유방암 환자 연대(National Breast Cancer Coalition)와 함께 임상3상에 들어갔다. 총 469명의 환자가 참여했는데, 표준적인 화학요법을 병행하여 트라스투주맙을 투여하는 군과 표준적인 화학요법만 받는 대조군으로 나뉘었다. 1998년 미국 임상종양학회(American Society of Clinical Oncology, ASCO)에서 발표된 임상시험 결과는 놀라웠다. 기존에 유방암 환자에게 처방된 표준적인 1차 치료제로는 택솔®(Taxol®, 성분명: paclitaxel)이 있었다. 택솔®은 주목나무에서 추출한 천연물로, 세포가 분열할 때 염색체를 나눠주는 방추사 형성을 억제해 세포분열을 억제하는 효과가 있다. 정상 세포와 암세포에 모두 작용하지만 암세포가 더 활발하게 세포분열을 하므로 암세포의 성장을 좀더 억제한다. 1차 치료제인 택솔®로 치료의 반응률(response rate), 즉 암 조직 치료 시작 후에 암 조직이 줄어든 환자의 비율은 전체 환자 96명 중에서 16명으로 약 17%였다.

그런데 트라스투주맙과 택솔®의 조합으로 치료받은 환자의 반응율은 41%였다. 또한 트라스투주맙으로 치료받은 환자는 평균 25개월 생존했지만, 대조군 환자는 평균 20개월 생존했다. 표준 치료제인 택솔®에 트라스투주맙을 추가하면 평균적으로 5개월 정도의 생존 연장 효과가 나타났다.[46]

기존 치료제에 비해 약 5개월 정도 생존 연장 효과를 가지는 것이 큰 의미가 있냐는 질문이 있을 수 있다. 그러나 트라스투주맙 초기 임상시험에 참여한 환자들은 다른 항암 치료를 받았지만 상태가 호전되지 않은 말기 암 환자들이었다. 즉 그동안 항암 치료에 큰 효과를 보지 못했던 극히 예후가 나쁜 말기 환자들의 생존을 연장시켰다는 것은, 초기 단계의 유방암 환자에게 트라스투주맙을 사용한다면 좀더 긍정적인 효과를 기대할 수 있다는 뜻이다.

임상시험의 놀라운 결과에 힘입어 1998년 9월 25일, 성분명 트라스투주맙은 허셉틴®(Herceptin®)이라는 이름으로 FDA의 판매 승인을 받는다. 암조직 안에 HER2가 많이 만들어지며, 최소한 1회 이상 화학요법 치료를 받은, 전이성 유방암 환자가 허셉틴®의 처방 대상이었다. 허셉틴®이 처음으로 FDA 승인을 받을 때 붙은 제한사항 때문에, 유방암 환자 가운데 허셉틴®으로 치료받을 수 있는 환자는 적었다. 허셉틴®이 더 많은 유방암 환자에게 처방되려면 초기 단계 유방암에서도 치료 효과를 확인해야 했다.

초기 단계의 유방암 치료 효과를 확인하는 대규모 임상시험은 2000년대 초부터 시작된다. 환자 1,694명이 참여한 다국적 임상시험 HERA(herceptin adjuvant)의 결과가 2005년 『뉴잉글랜드 의학 저널(*New England Journal of Medicine*)』에 발표되었다. HER2 양성 유방암 환자 중 유방암 절제수술을 받은 후 화학보조요법(chemical adjuvant treatment)을 최소 4회 이상 받은 환자 대상으로 1년 동안 허셉틴®을 투여한 환자와 대조군을 관찰했다. 대조군은 유방암 재발, 유방암 이외의 다른 암의 발생, 사망하는 경우가 63.4%였다. 이에 비해 허셉틴® 투여군은 36.6%였다.[47] 같은 저널에 보고된 다른 임상시험에서는 HER2 양성 초기에 유방암 절제 후 화학보조요법으로 치료받은 환자가 택솔®과 허셉틴®을 함께 투여받은 경우와, 택솔®만 투여받는 경우를 비교했다. 허셉틴®과 택솔®을 같이 투여받은 환자는 택솔®로만 치료받은 환자에 비해 유방암 재발, 유방암 이외의 암의 발생, 사망 등의 빈도가 52% 낮아졌다.[48] 말기 유방암 환자뿐만 아니라 초기 단계 유방암 환자에게 허셉틴®이 유효한 치료 수단이 될 수 있다는 것도 입증했다.

2006년, FDA는 허셉틴®을 초기 단계 유방암 절제 수술을 받은 후에 투여하는 보조요법에 사용하는 것을 허가했다. 2010년에는 유방암이 아닌 HER2를 과발현하는 전이성 위암(metastatic gastric adenocarcinoma) 치료에도 허셉틴® 사용이 허가되었다.

허셉틴®은 2011년 기준 미국에서 1년에 약 17억

달러어치가 팔리는 신약이 되었다. 제넨텍이 HER2 연구를 시작한 지 약 30년이 지나서 얻은 결과였다. 그러나 모든 유방암 환자에게 HER2가 과발현되는 것은 아니었다. 허셉틴®은 HER2가 과발현되는 환자에 한정해 사용할 수 있었고, 그렇지 않은 유방암 환자에게는 효과가 없었다. 또한 허셉틴®을 투여받은 일부 유방암 환자에게 내성이 발생하는 것도 관찰되었다. 이런 문제를 풀기 위한 허셉틴®의 후속작 개발 연구가 곧이어 시작되었다.

퍼제타®

HER2가 과발현되는 유방암 환자를 HER2 항체인 허셉틴®으로 치료할 수 있다는 것은 알았지만, EGFR에 대해서 완전히 이해한 것은 아니었다. 1990년대에 이르러 사람에게 HER1, HER2, HER3, HER4 네 종류의 EGFR이 있다는 것이 알려졌다. 이 가운데 HER1,

HER2, HER3이 암과 관련 있었다.[49] 그런데 다른 EGFR은 수용체와 짝을 이루어 수용체를 활성화시키는 리간드가 발견되었지만, HER2와 결합해 HER2를 활성화하는 리간드는 발견되지 않았다. HER2는 리간드가 없는 고아 수용체(orphan receptor)였던 것이다. 리간드도 없는 HER2가 어떻게 타이로신 인산화효소에 의한 신호전달경로를 활성화하여 암 발생을 유도하는 것일까?

한 가지 설명은 이렇다. 암 환자에게 HER2 유전자가 증폭되어 HER2 단백질의 양이 비정상적으로 많아지면 세포막에 HER2 농도가 높아지고, 이 경우 리간드가 없지만 HER2 사이에 상호작용이 일어난다. HER2 과발현으로 리간드가 없지만 HER2 단백질 분자끼리 결합해 신호전달경로를 활성화하여 결과적으로 암을 유발한다는 것이다.[50]

그런데 HER2가 신호전달경로를 활성화하는 데에는 HER2의 과발현 이외에도 다른 메커니즘이 있었다. HER2는 자기 스스로 상호작용을 하여 동형 이합체(homodimer)를 형성하여 신호전달을 활성화하기도 하고,

다른 EGFR인 HER1, HER3, HER4와도 상호작용해 이형 이합체(heterodimer), 즉 HER2-HER1, HER2-HER3, HER2-HER4 같은 복합체를 형성할 수 있다. HER2를 제외한 HER1, HER3, HER4에는 모두 해당 리간드가 있고, 리간드에 따라 신호전달경로가 활성화될 수 있다는 사실이 밝혀졌다.[51]

독일 막스플랑크 연구소로 옮긴 악셀 울리히는 HER3에는 HRG라는 리간드가 있으며, HER2와 이합체를 형성해 신호전달경로를 활성화한다는 것을 확인했다.[52] 만약 HER2와 HER3의 상호작용을 막으면 HER2+HER3에 의한 신호경로활성화를 막을 수 있을 것이다.

제넨텍에서는 허셉틴®을 개발할 때 허셉틴®과 다른 방식으로 HER2에 결합하는, 2C4라는 단일클론항체도 같이 발견되었다. 퍼투주맙(pertuzumab)이라는 이름이 붙은 이 항체는 HER2와 결합할 때 허셉틴®과는 다른 방식으로 결합한다. 허셉틴®이 HER2의 막 통과 도메인 바로 앞에 있는 부분(juxtamembrane domain)에 결합한다면, 퍼투주맙은 HER2에서 세포 밖으로 노출된 부분인 엑토도메인(ectodomain)에 결합하며 HER2가 HER3과 상호작용하는 것을 막는다. 이 항체를 처리하면 HER2와 HER3 사이의 상호작용을 억제하고, 리간드 의존적인 신호전달경로를 차단할 수 있다는 점도 확인했다. 세포주와 유방암세포가 이식된 쥐 모델에서 2C4 항체 처리가 암의 성장을 억제하는 것을 확인했다.[53] 이 항체는 허셉틴®과는 다른 방식으로 HER2와 HER3의 상호작용을 억제하여 암 발생을 억제한다. 과연 이 항체를 이용하면 HER2가 과발현되지 않는 암 환자를 치료할 수 있을까?

퍼투주맙은 옴니타그®(Omnitarg®)라는 새 이름을 얻었다. 옴니타그®는 HER2 발현이 낮은 전이성 유방암, 전립선암, 난소암 환자들을 대상으로 임상2상에 들어갔다. 옴니타그® 임상시험 결과는 2005년 미국 임상종양학회에서 발표되었다.[54] 그러나 같은 학회에서 발표되어 많은 사람들의 주목을 받은 허셉틴®의 초기 유방암 환자에 대한 임상시험 결과에 비해, 옴니타그®의

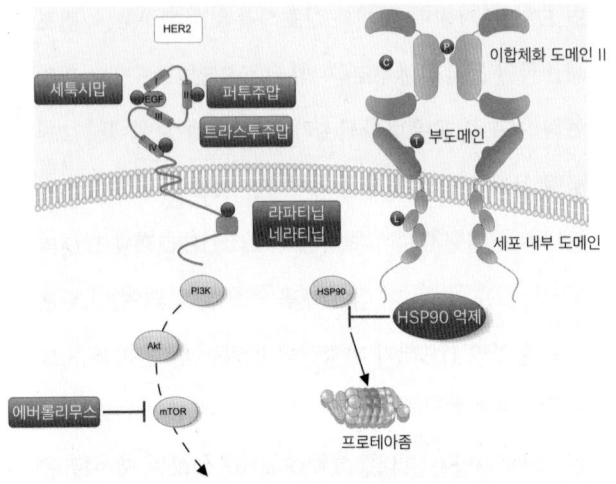

유방암에서 전이를 유발하는 HER2 수용체. HER2 수용체의 발견 이후 난치병으로 분류됐던 전이성 유방암은 치료할 수 있는 암이 되었다. HER2 수용체에 결합하는 항체인 퍼투주맙, 트라스투주맙은 암세포의 전이를 유발하는 HER2 수용체의 신호경로를 억제한다.

효과는 실망스러웠다. HER2가 과발현되지 않는 암 환자의 치료제를 개발할 수 있을 것이라는 처음 기대와 어긋난 결과였다.

제넨텍은 포기하지 않았다. HER2가 발현되는 유방암 환자에게 허셉틴®을 투여할 때 옴니타그®를 함께 투여하면 시너지가 있는지부터 알아보았다. '퍼투주맙과 트라스투주맙의 임상적 평가(Clinical Evaluation of Pertuzumab and Trastuzumab, CLEOPATRA)'라는 이름의 임상시험이 진행되었다. 택솔®, 트라스투주맙, 퍼투주맙을 함께 사용한 경우는, 퍼투주맙을 제외한 대조군에 비해서 HER2가 과발현되는 전이성 유방암 환자를 평균 15.7개월 더 생존시켰다.[55] HER2가 과발현되는 예후가 나쁜 유방암 환자가 두 가지 약물로 치료받으면 그렇지 않은 경우보다 약 5년 정도 더 생존했다. 2012년, FDA는 퍼투주맙을 허셉틴® 및 택솔®과 병용하여 전이성 유방암 환자 치료에 사용할 수 있게 허가했다. 퍼투주맙은 퍼제타®(Perjeta®)라는 이름의 의약품으로 환자들을 치료하기 시작했다.

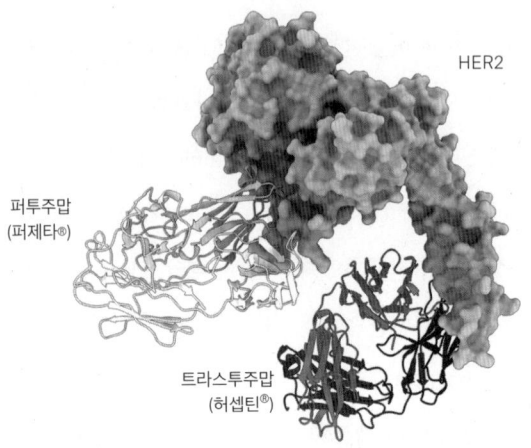

허셉틴®(트라스투주맙)과 퍼제타®(퍼투주맙)는 HER2의 서로 다른 부위에 결합한다. 허셉틴®은 HER2가 생체막과 바로 이어지는 곳에 결합해 HER2의 기능을 억제한다. 퍼제타®는 HER2가 다른 HER2 수용체와 결합해 이합체를 형성할 수 있는 곳에 결합한다. 허셉틴®과 퍼제타®는 같은 단백질에 결합하지만, 다른 방식으로 결합하며, 효과도 다르다.

항체-약물 결합체와 캐싸일라®

HER2를 타깃하는 항체 치료법은 일반적으로 화학요법과 병행되었다. 항체와 화학요법의 병행이 화학요법 단독 치료보다 효과가 좋았지만, 화학요법에 사용되는 약물은 기본적으로 암세포와 정상 세포를 가리지 않고 공격해 부작용이 심했다. 이런 이유로 연구자들은 화학요법을 암세포에만 특이적으로 적용하는 방법을 구상한다. 세포독성을 가진 물질을 암세포에만 특이적으로 배달해 암세포만 죽일 수 있다면, 화학요법의 부작용은 해결하고 치료 효과는 좋아질 것이었다.

항체를 이용해 암세포에만 세포독성을 가지는 물질을 배달하여 암세포를 죽이는 치료제를 만들려면 세 가지가 필요하다. 암세포에만 있는 특이적인 항원을 인지하는 항체, 일반적인 화학요법에서 사용되는 화합물보다 훨씬 더 강력한 세포독성을 지니는 화합물(항체를 이용해 세포 안까지 배달할 수 있다면 일반적인 화학요법보다 훨씬 더 적은 양만 암세포에 도달할 것이다. 그리고 적은 양으로 치료하려면 독성이 높아야 할 것이다), 암세포를 만나기 전까지는 화합물과 항체를 잘 연결하지만 암세포 안에 들어가 분해되는 화학 링커(linker)다. 이렇게 세 가지가 갖추어지면 다음과 같은 시나리오를 짤 수 있다.

우선 암세포에 단백질을 인식하는 항체는 단백질과 결합해 식세포작용(endocytosis)으로 세포 안으로 들어간다. 세포 안에서 링커가 분해되면 약물이 세포 안으로 방출되고, 세포독성을 유발하여 암세포를 공격한다. 암세포만 특이적으로 겨냥하여 암세포를 죽이는 항체-약물 결합체(antibody-drug conjugate)다.[56]

허셉틴®은 암세포에 특이적으로 작용하는 것이 검증된 항체의약품이었다. 허셉틴®을 이용해 항체-약물 결합체를 만들 수는 없을까? 유방암세포에는 HER2가 정상 세포보다 많이 발현되므로, HER2를 인식하는 항체인 트라스투주맙은 암세포만를 겨냥해 세포독성을 가지는 화합물을 배달하는 물질, 즉 항체-약물 결합체가 될 수 있었다. 제넨텍은 트라스투주맙에 강력한 미세소관(microtubule) 합성 저해제인 메르탄신(mertansine,

DM-1)을 결합시켰다. 세포가 분열하기 위해서는 염색체를 두 개의 딸세포에 배분해야 하고, 이를 위해서는 세포분열 직전에 방추사가 만들어져서 염색체를 배분해야 한다. 그런데 방추사는 미세소관으로 구성되어 있고, 미세소관 합성이 저해되면 방추사가 만들어지지 않기 때문에 더 이상 세포분열이 일어나지 않는다. 허셉틴®에 메르탄신을 붙이면, 메르탄신이 암세포 안으로 들어가 미세소관 합성을 저해한다. 결과적으로 세포분열을 억제하고, 암세포의 증식을 막아 사멸시킨다.

항체-약물 결합체를 구성하는 세 가지 요소 중 두 가지는 해결되었다. 남은 것은 트라스투주맙과 메르탄신의 연결이었다. 제넨텍은 트라스투주맙과 메르탄신을 연결하는 화학물질인 링커를 변화시키면서 활성을 관찰하였다. 어떤 화학물질로 항체와 약물을 연결하느냐에 따라 항체-약물 결합체의 활성이 크게 달라졌다. 처음에는 항체와 약물의 결합이 혈액에서는 유지되지만, 세포 안으로 들어가 항체와 약물이 분리되는 것이 활성에 더 유리할 것이라고 생각했다. 이에 따라 세포 안에서 쉽게 깨질 수 있는 이황화결합(disulfide bond)으로 항체와 약물을 연결하는 링커를 디자인했다.

그러나 동물모델 실험 결과, 항체와 약물을 안정적으로 연결할 때 효능이 더 좋다는 것을 확인했다. 따라서 항체와 약물을 안정적으로 연결하는 링커를 이용해 트라스투주맙과 메르탄신을 연결하는 항체-약물 결합체를 디자인하게 되었다.[57]

2006년, 동물모델 실험 결과를 바탕으로 트라스투주맙과 메르탄신을 연결한 항체-약물 결합체 T-DM1의 임상시험이 시작되었다. 2012년 『뉴잉글랜드 의학 저널(New England Journal of Medicine)』에 발표된 연구 결과는 인상적이었다. 허셉틴®과 택솔®로 치료받은 말기 유방암 환자에게 T-DM1으로 2차 치료를 진행한 임상시험이었다. T-DM1과, 타이로신 인산화효소 저해제인 라파티닙(lapatinib)과 화학요법제인 카페시타빈(capecitabine)을 병용치료한 효과를 비교했다. T-DM1은 HER2 양성의 전이성 유방암 환자를 약 6개월 정도의 더 생존하게 하는 것으로 나왔다.[58] 2013년 FDA는 제넨텍의 항체-약물 결합체인 T-DM1을 허셉틴®과 택솔®로 치료받은 HER2 양성 전이성 유방암 환자들에게 사용할 수 있도록 허가했다. 캐싸일라®(Kadcyla®)의 탄생이었다.

전에 항암 치료를 받지 않은 환자들에게 캐싸일라®로 암을 치료하는 임상시험도 준비되었다. 그러나 캐싸일라®로만, 혹은 캐싸일라®와 퍼제타®의 조합은 허셉틴®과 화학요법의 조합보다 특별히 더 나은 이점을 보여주지는 못했다.[59] 캐싸일라®를 여러 조건에서 처방하는 임상시험들이 2018년 현재 진행 중이다. 유방암 및 다른 암의 치료에서 항체-약물 결합체가 화학요법보다 좋은 효과를 나타낼 가능성은 아직 남아 있다.

허셉틴®의 탄생 과정은 시간에 대한 이야기다. 1970년대 중반 탄생한 단일클론항체가 신약으로 갈 수 있을 것이라는 기대가 최소한의 현실 가능한 이야기가 되기까지 약 20년이 넘게 걸렸다. 특정 기술이 기초연구 분야에서 개발되었다고 하더라도, 실제 응용 분야에서 의미 있는 영향력을 지니려면 해결해야 할 문제가 한

두 가지가 아니다. 학계에서 태동한 수많은 가능성들은 대부분 이 과정에서 여러 장벽을 넘지 못하고 사라진다. 반대로 말하면 학계가 발표하는 초기 수준의 기술에 대해 지나치게 기대하는 것도 곤란하다.

한편 허셉틴®같은 혁신적인 신약을 개발하기 위해서는 기업의 장기적인 연구 개발이 필수적이라는 점을 보여준다. 기존에 볼 수 없었던 새로운 개념의 물건이 나와서 혁명적인 변화를 일으키려면, 장기적인 연구개발 투자가 필수적이라는 것을 항체신약의 개발 과정은 정확하게 보여준다. 제넨텍이 HER2 연구를 시작한 것은 1970년대 말에서 1980년대 초였다. 첫 성과인 HER2 유전자가 클로닝된 것은 1985년, HER2와 악성 유방암과의 관계가 밝혀진 것은 1987년이다. 여기서 HER2를 억제하는 항체가 등장하고, FDA 승인을 받기까지는 10여 년이 더 지나야 했다. 허셉틴®이 초기 단계 유방암 치료제로 널리 사용되기까지는 시간이 더 필요했다. 연구를 시작하고 무려 30년이 지나서야 허셉틴®은 진정한 의미의 신약이 되어 환자를 치료할 수 있었다.

30년의 시간을 기다릴 수 있는 힘은 무엇일까? 우리는 세계적인 제약기업들이 신약으로 벌어들이는 천문학적인 수입에만 주목하기 쉽다. 그러나 정말 관심을 가져야 할 대목은 '아무도 가보지 않은 길'로 걸어가는 위험과 불확실성에 대처하는 자세다. 허셉틴®이 탄생할 수 있었던 원동력은 위험과 불확실성을 극복할 수 있는 용기였다. 실패가 걱정되어 안전한 길만을 선택한다면 오히려 성공 가능성이 낮아질 뿐이다.

주석

1. 고토 히데키, 『천재와 괴짜들의 일본 과학사: 개국에서 노벨상까지 150년의 발자취』, 허태성 옮김(서울: 부키, 2016), 29면.
2. http://www.nature.com/milestones/mileantibodies/timeline/index.html; Behring, E.V., Kitasato, S., (1890), The mechanism of immunity in animals to diphtheria and tetanus, *Deutsche Medizinische Wochenschrift*, pp.1113-1114.
3. 최초의 일본인 노벨 생리학상 수상자는 도네가와 스스무(利根川進)다. 베링의 노벨 생리의학상 수상 이후 86년이 지난 후의 일이다.
4. Ehrlich, P., (1900), Croonian lecture.-On immunity with special reference to cell life, *Proceedings of the Royal Society of London*, pp.424-448.
5. Pauling, L., (1940), A theory of the structure and process of formation of antibodies, *Journal of the American Chemical Society*, pp.2643-2657.
6. Burnet, S.F.M., *The Clonal Selection Theory of Acquired Immunity* (Cambridge: The Abraham Flexner Lectures of Vanderbilt University, 1959).
7. Nossal, G. J., Lederberg, J., (1958), Antibody production by single cells. *Nature*, pp.1419-1420.
8. Kunkel, H.G., Slater, R.J., & Good, R.A., (1951), Relation between certain myeloma proteins and normal gamma globulin, *Proceedings of the Society for Experimental Biology and Medicine*, pp.190-193.
9. Köhler, G., Milstein, C., (1975), Continuous cultures of

fused cells secreting antibody of predefined specificity, *Nature*, pp.495-497.

10 Griffiths, G.M., Berek, C., Kaartinen, M., & Milstein, C., (1984), Somatic mutation and the maturation of immune response to 2-phenyl oxazolone, *Nature*, pp.271-275.

11 Doogab, Y., *The Recombinant University: Genetic Engineering and the Emergence of Stanford Biotechnology* (Chicago: The University of Chicago Press, 2015), p.63-67.

12 Mukherjee, S., *The Gene: An Intimate History* (New york: Simon and Schuster, 2010), p.189.

13 이두갑, (2013), 「아서 콘버그의 DNA 연구와 공동체적 구조의 건설」, 『한국과학사학회지』, 131-149면.

14 Doogab, Y., *The Recombinant University: Genetic Engineering and the Emergence of Stanford Biotechnology* (Chicago: The University of Chicago Press, 2015), p.90.

15 Cohen, S.N., Chang, A.C., & Hsu, L., (1972), Nonchromosomal antibiotic resistance in bacteria: genetic transformation of Escherichia coli by R-factor DNA, *PNAS*, pp.2110-2114.

16 Hedgpeth, J., Goodman, H.M., & Boyer, H.W., (1972), DNA nucleotide sequence restricted by the RI endonuclease, *PNAS*, pp.3448-3452.

17 Cohen, S.N., Chang, A.C., Boyer, H.W., & Helling, R.B., (1973), Construction of biologically functional bacterial plasmids in vitro, *PNAS*, pp.3240-3244.

18 Mukherjee, S., *The Gene: An Intimate History* (New york: Simon and Schuster, 2010), pp.223-225.

19 Itakura, K., *et al*, (1977), Expression in Escherichia coli of a chemically synthesized gene for the hormone somatostatin,

Science, pp.1056-1063.

20 https://www.gene.com/media/news-features/25th-anniversary-of-first-product-approval

21 White, G.C., McMillan, C.W., Kingdon, H.S., & Shoemaker, C.B., (1989), Use of recombinant antihemophilic factor in the treatment of two patients with classic hemophilia, *New England Journal of Medicine*, pp.166-170.

22 Weinberg, R.A., (2014), Coming full circle-from endless complexity to simplicity and back again, *Cell*, pp.267-271.

23 Parada, L.F., Tabin, C.J., Shih, C., & Weinberg, R.A., (1982), Human EJ bladder carcinoma oncogene is homologue of Harvey sarcoma virus ras gene, *Nature*, pp.474-478.

24 Shih, C., Padhy, L.C., Murray, M., & Weinberg, R.A., (1981), Transforming genes of carcinomas and neuroblastomas introduced into mouse fibroblasts, *Nature*, pp.261-264.

25 Padhy, L.C., Shih, C., Cowing, D., Finkelstein, R., & Weinberg, R.A., (1982), Identification of a phosphoprotein specifically induced by the transforming DNA of rat neuroblastomas, *Cell*, pp.865-871.

26 Carpenter, G., Cohen, S., (1976), 125I-labeled human epidermal growth factor. Binding, internalization, and degradation in human fibroblasts, *Journal of Cell Biology*, pp.159-171.

27 Carpenter, G., King, Jr. L., & Cohen, S., (1978), Epidermal growth factor stimulates phosphorylation in membrane preparations in vitro, *Nature*, pp.409-410.

28 Mukherjee, S., *The emperor of all maladies: a biography of cancer* (New york: Simon and Schuster, 2010), pp.412-

419.; Gschwind, A., Fischer, O.M., & Ullrich, A., (2004), The discovery of receptor tyrosine kinases: targets for cancer therapy, *Nature Reviews Cancer*, pp.361-370.

29 Downward, J., *et al*, (1984), Close similarity of epidermal growth factor receptor and v-erb-B oncogene protein sequences, *Nature*, pp.521-527.

30 Ullrich, A., *et al*, (1984), Human epidermal growth factor receptor cDNA sequence and aberrant expression of the amplified gene in A431 epidermoid carcinoma cells, *Nature*, pp.418-425.

31 Schechter, A.L., *et al*, (1984), The neu oncogene: an erb-B-related gene encoding a 185,000-Mr tumour antigen, *Nature*, pp.513-516.

32 Coussens, L., *et al*, (1985), Tyrosine kinase receptor with extensive homology to EGF receptor shares chromosomal location with neu oncogene, *Science*, pp.1132-1139.

33 Slamon, D.J., *et al*, (1987), Human breast cancer: correlation of relapse and survival with amplification of the HER-2/neu oncogene, *Science*, pp.177-182.

34 Hudziak, R.M., Schlessinger, J., & Ullrich, A., (1987), Increased expression of the putative growth factor receptor p185HER2 causes transformation and tumorigenesis of NIH 3T3 cells, *PNAS*, pp.7159-7163.

35 Hudziak, R.M., *et al*, (1989), p185HER2 monoclonal antibody has antiproliferative effects in vitro and sensitizes human breast tumor cells to tumor necrosis factor, *Molecular and Cellular Biology*, pp.1165-1172.

36 Shepard, H.M., *et al*, (1991), Monoclonal antibody therapy of human cancer: taking the HER2 protooncogene to the

37 Miller, R.A., Oseroff, A.R., Stratte, P.T., & Levy, R., (1983), Monoclonal antibody therapeutic trials in seven patients with T-cell lymphoma, *Blood*, pp.988-995.

38 Boulianne, G.L., Hozumi, N., & Shulman, M.J., (1984), Production of functional chimaeric mouse/human antibody, *Nature*, pp.643-646.

39 Jones, P.T., Dear, P.H., Foote, J., Neuberger, M.S., & Winter, G., (1986), Replacing the complementarity-determining regions in a human antibody with those from a mouse, *Nature*, pp.522-525.

40 Riechmann, L., Clark, M., Waldmann, H., & Winter, G., (1988), Reshaping human antibodies for therapy, *Nature*, pp.323-327.

41 Carter, P., *et al*, (1992), Humanization of an anti-p185HER2 antibody for human cancer therapy, *PNAS*, pp.4285-4289.

42 https://www.gene.com/stories/her2/

43 Mukherjee, S., *The emperor of all maladies: a biography of cancer* (New york: Simon and Schuster, 2010), pp.412-427.

44 Fountzilas, E., Said, R., & Tsimberidou, A.M., (2018), Expanded access to investigational drugs: balancing patient safety with potential therapeutic benefits, *Expert Opinion on Investigational Drugs*, pp.155-162.

45 https://www.gene.com/stories/the-demonstration

46 Slamon, D.J., *et al*, (2001), Use of chemotherapy plus a monoclonal antibody against HER2 for metastatic breast cancer that overexpresses HER2, *New England Journal of Medicine*, pp.783-792.

47 Piccart-Gebhart, M.J., *et al*, (2005), Trastuzumab after

(continued from previous entry) clinic, *Journal of Clinical Immunology*, pp.117-127.

adjuvant chemotherapy in HER2-positive breast cancer, *New England Journal of Medicine*, pp.1659-1672.

48 Romond, E.H., *et al*, (2005), Trastuzumab plus adjuvant chemotherapy for operable HER2-positive breast cancer, *New England Journal of Medicine*, pp.1673-1684.

49 Yarden, Y., Sliwkowski, M.X., (2001), Untangling the ErbB signalling network. *Nature Reviews Molecular Cell Biology*, pp.127-137.

50 Moasser, M.M., (2007), The oncogene HER2: its signaling and transforming functions and its role in human cancer pathogenesis, *Oncogene*, pp.6469-6487.

51 Agus, D.B., *et al*, (2002), Targeting ligand-activated ErbB2 signaling inhibits breast and prostate tumor growth, *Cancer Cell*, pp.127-137.

52 Wallasch, C., *et al*, (1995), Heregulin-dependent regulation of HER2/neu oncogenic signaling by heterodimerization with HER3, *EMBO Journal*, pp.4267-4275.

53 Agus, D.B., *et al*, (2002), Targeting ligand-activated ErbB2 signaling inhibits breast and prostate tumor growth, *Cancer Cell*, pp.127-137.

54 https://www.gene.com/media/press-releases/8431/2005-05-15/data-from-omnitarg-clinical-program-press

55 Swain, S.M., *et al*, (2015), Pertuzumab, trastuzumab, and docetaxel in HER2-positive metastatic breast cancer, *New England Journal of Medicine*, pp.724-734.

56 Peters, C., Brown, S., (2015), Antibody-drug conjugates as novel anti-cancer chemotherapeutics, *Bioscience Reports*, e00225.

57 Phillips, G.D.L., *et al*, (2008), Targeting HER2-positive

breast cancer with trastuzumab-DM1, an antibody-cytotoxic drug conjugate, *Cancer Research*, pp.9280-9290.

58 Verma, S., *et al*, (2012), Trastuzumab emtansine for HER2-positive advanced breast cancer, *New England Journal of Medicine*, pp.1783-1791.

59 Perez, E.A., *et al*, (2016), Trastuzumab emtansine with or without pertuzumab versus trastuzumab plus taxane for human epidermal growth factor receptor 2-positive, advanced breast cancer: primary results from the phase III MARIANNE study, *Journal of Clinical Oncology*, pp.141-148.

3부

여보이, 옵디보, 키트루다

Yervoy, Opdivo, Keytruda

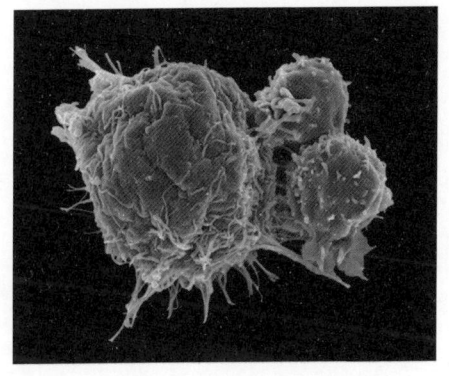

3세대 항암치료제

1세대 항암 치료제는 화학요법제(chemotherapy agent)라고 불리는 약물이었다. 1세대 항암 치료제 택솔®(Taxol®, 성분명: paclitaxel)은 정상 세포와 암세포에 모두 작용하며 세포의 증식을 억제한다. 정상 세포와 암세포에 모두 작용해 독으로 작용하지만, 암세포가 정상 세포에 비해 빠르게 증식하기 때문에 암세포에 더 큰 손상을 주는 항암 효과가 나타난다.

화학요법제의 단점은 정상 세포와 조직에도 손상을 준다는 점이다. 예를 들어 화학요법을 시작하면 머리카락이 빠진다거나, 생식 능력을 잃는 등의 부작용이 나타난다. 모근 세포나 생식 세포 등은 정상 세포지만 증식을 계속하는 세포이니 암세포처럼 직접적인 손상을 받는다.

2세대 항암치료제는 표적 치료제(targeted therapy)다. 글리벡®(Gleevec®, 성분명: imatinib)이나 허셉틴®(Herceptin®, 성분명: trastuzumab)은 저분자 화합물과

항체라는 차이가 있지만, 암세포의 증식을 억제하는 원리는 같다. 암세포에서 더 많이 만들어지는 단백질에 작용하여 그 기능을 억제함으로써 암세포의 사멸을 유도한다.

표적 치료제는 암세포에 많이 있는 단백질에만 작용해 상대적으로 부작용이 덜하고, 암에 선택적으로 작용하는 장점이 있다. 그러나 암의 원인은 매우 다양해 암세포들은 서로 다른 특징을 가진다. 따라서 한 가지 표적 치료제는 특정한 종류의 암에만 작용한다. 예를 들어 글리벡®은 *BCR/ABL* 융합 유전자가 있는 만성 골수성 백혈병에 효과가 있고, 허셉틴®은 HER2가 많이 만들어지는 유방암에 효과가 있지만 다른 암에서는 큰 효과를 볼 수 없다. 표적 치료제가 큰 효과를 보여주는 암들은 대개 하나의 암 유발 단백질에 의해 지배되고는 하는데, 대부분의 암은 여러 종류의 유전적인 변화를 가진다. 한 가지의 암 유발 단백질을 억제하는 표적 치료제만으로 여러 종류의 암에 대응하기 어렵다.

화학요법제는 많은 종류의 암에 적용할 수 있지만

정상 세포와 암세포를 가리지 않고 공격하니 부작용이 걱정이고, 표적 치료제는 암을 특이적으로 공격하니 부작용이 적지만 적용할 수 있는 암이 적다. 3세대 항암 치료제가 필요했다. 여러 종류의 암 치료에 적용할 수 있으면서도 암세포만 특이적으로 공격할 수 있는 이상적인 모델이다. 사람 몸이 가지고 있는 면역기능을 활성화해 암 치료에 이용하는 면역항암요법은 많은 종류의 암에 적용 가능하면서도, 정상 세포와 암을 구별하여 암세포만을 특이적으로 공격할 수 있는 3세대 항암 치료제로 분류된다. 이는 항암요법이 가야 할 궁극적인 이상향에 가까운 것이라고 하겠다. 물론 면역항암요법도 다른 항암 치료제들처럼 아무 관련도 없어 보이는 수많은 연구들의 기초 위에서, 역시 수많은 시행착오를 겪으며 나왔다.

콜리의 독소

B.C.E. 430년, 투키디데스는 '역병이 아테네를 휩쓸고 지나갔고, 살아남은 사람들은 다시 역병에 걸리지 않는다'고 기록했다.[1] 면역에 대한 기록은 오래되었지만, 외부 병원체로부터 인체가 면역을 획득하는 메커니즘을 비교적 상세히 알게 된 것은 최근이다. 현대적 의미에서 면역을 이해하기 시작한 것은, 1798년 영국의 의사 에드워드 제너(Edward Jenner, 1749-1823)부터다.

제너는 소가 걸리는 질병인 우두에 감염되었던 사람이 천연두에 걸리지 않는 것에 주목했다. 제너는 사람에게 일부러 우두를 감염시켜 천연두를 예방할 수 있게 하는 우두법을 개발했다. 루이 파스퇴르(Louis Pasteur, 1822-1895)는 특정 질병이 특정 병원균에 의해서 일어난다는 병원균설(Germ Theory)을 주장했다. 약독화한(弱毒化, attenuated) 물질로 병원균 감염을 예방할 수 있다는 개념도 등장했다. 파스퇴르는 에드워드 제너가 찾은 천연두 바이러스(*vaccina virus*) 연구를 기리는 의미에서, 병원균 감염을 예방할 수 있는 물질을 백신(vaccine)이라 불렀다.

암의 원인을 정확히 모르던 19세기 말, 암과 병원균 감염의 상관관계도 보고되었다. 연쇄상구균(Streptococcus)은 패혈증의 원인이기도 하다. 독일 의사 빌헬름 부슈(Wilhelm Busch, 1826-1881)는 연쇄상구균이 일으키는 피부질환인 단독(丹毒, erysipelas)을 앓는 환자 가운데 암의 진행이 억제되는 사례를 발견했다. 1868년, 부슈는 암 환자에게 일부러 단독을 유발시켰는데, 종양이 작아졌지만 감염으로 9일 만에 사망했다.[2] 독일 의사 프리드리히 페라이센(Friedrich Fehleisen, 1854-1924)은 부슈가 했던 실험을 재현했다. 이 과정에서 단독을 유발하는 병원균인 화농연쇄상구균(Streptococcus pyogenes) 미생물도 찾았다.[3] 그러나 암과 병원균 감염 사이의 연관성에 대한 이해는 아직 단편석이있다.

미생물 감염이 암 치료에 미치는 영향을 본격적으로 살펴보고, 인위적인 미생물 감염으로 암 치료에 도전한 사람은 미국 의사 윌리엄 콜리(William Coley, 1862-

박테리아 유래 추출물로 암 치료를 시도했던 윌리엄 콜리

1936)였다. 콜리는 1890년부터 뉴욕 암 병원(New York Cancer Hospital, 뉴욕 메모리얼 슬로언 캐터링 암 센터의 전신)에서 근무하면서 암 치료법에 관심을 가졌다. 부슈나 페라이센처럼 콜리도, 심한 세균 감염을 겪은 환자 가운데 수술이 불가능했던 암이 자연 치유된 사례를 관찰했다. 콜리는 말기 암 환자에게 연쇄상구균을 감염시켜 암을 치료할 수 있는지 직접 알아보려고 했다.

1891년, 첫 번째 실험 대상은 졸라(Signor Zola)라는 환자였다. 졸라는 말기 골육종을 앓고 있었고, 몇 주 내로 사망할 것이라는 진단을 받았다. 콜리는 졸라에게 연쇄상구균 박테리아를 감염시켰다. 박테리아 감염 후 졸라의 종양은 눈에 띄게 줄어들었으며, 그 뒤로 8년을 더 살았다.[4] 졸라에게 한 첫 실험 결과에 고무된 콜리는 연쇄상구균 박테리아를 환자 열 명에게 주사했다. 기대와 달리 결과 예측은 어려웠다. 어떤 경우에는 감염이 전혀 이루어지지 않았고, 어떤 경우에는 감염이 너무 강했다. 열병이 일어나서 환자 두 명이 죽기도 했다.

콜리는 방법을 바꾸었다. 두 종류의 죽은 세균

(*Streptococcus pyogenes*, *Serratia marcescens*)을 섞어서 주사하기 시작했다. 살아 있는 세균을 주입하면 감염이 심해지므로, 죽은 세균의 혼합액을 주입해 좀더 균일하게 열병을 일으키고 감염 위험은 줄이려는 계산이었다.

콜리가 사용한 박테리아 유래 추출물은 콜리의 독소(Coley's toxin)라고 불리게 되었다. 콜리는 이후 40여 년 동안 1천 여 명의 암 환자에게 콜리의 독소를 이용한 치료에 도전했다. 콜리의 독소는 11가지 종류였는데, 조성과 제조 방법이 모두 달랐다. 콜리의 독소를 투여하면 어떤 경우에는 암이 눈에 띄게 줄어들기도 했지만, 다수의 환자들은 심하게 감염되어 열병을 앓았고, 사망하기도 했다.[5] 콜리는 불치병인 암을 치료한 기적의 의사로 대중에게 칭송받기도 했지만, 대부분의 동료 의사들에게 비판받았다.

콜리의 독소가 정말 암을 치유하는지, 치유한다면 어떤 메커니즘으로 암을 치료하는지 당시의 지식으로는 알 수 없었다. 콜리가 했던 실험 역시 현대의 엄격하게 통제된 임상시험과는 차원이 다른, 조악한 치료 실험이었다. 무엇보다 효과가 검증되지 않은 세균 유래 추출물로 환자를 감염시켜 열병을 유발하는 것 자체가 의료 윤리적 문제였다. 콜리는 의학계에서 비판받았다. 비판자 가운데는 저명한 암 병리학자 제임스 유잉(James A. Ewing, 1866-1936)도 있었다. 제임스 유잉은 콜리가 근무하던 뉴욕 암 병원에서 일했는데, 그는 콜리의 직장 상사이기도 했다. 유잉은 자신과 콜리가 근무하던 병원에서 콜리의 독소 사용을 금지했다.

1936년, 콜리가 사망하자 콜리의 독소는 학계에서 검증받지 못한 대체의학으로 여겨졌다. 그럼에도 암에 대한 공포와 기적 같은 치료에 대한 환자들의 희망은 강렬했고, 콜리의 독소는 명맥을 유지했다. 나중에 화이자(Pfizer)에 흡수되는 파크-데이비스(Parke-Davis and Company)는 의학계의 비난에도 불구하고 1899년부터 1952년까지 콜리의 독소를 생산했다.

콜리의 독소는 의약품 인허가 절차가 엄격해지면서 암 치료 현장에서 사라진다. 1960년대 초 유럽에서 입덧 치료제로 사용하던 탈리도마이드(thalidomide)의 부작용으로 기형아 출산이 급증했다. 탈리도마이드 사건 전까지 미국에서는 특정 약물이 안전하다는 것만 입증하면 FDA가 약물 인허가를 내주었다. 그러나 탈리도마이드 사태를 계기로 1962년에 제정된 케파우버-해리스 수정안(Kefauver Harris Amendment)은 의약품 승인을 받으려면 안전성과 특정한 질병에 대한 유효성을 모두 과학적으로 입증하도록 규정했다. 의약품 인허가가 엄격해진 분위기 속에서, 1962년에 FDA는 암 치료에 실제로 효과가 있는지 입증되지 않은 채 수십 년 동안 처방된 콜리의 독소의 판매와 사용을 금지했고, 유럽에서도 퇴출되었다. 그럼에도 면역과 암의 관계를 밝히려는 연구는 계속되었다.

1959년, 슬로언-캐터링 암 센터 연구진은 결핵 예방에 사용되는 약독화 백신 BCG를 주입한 쥐에 암을 이식했다. BCG를 맞은 쥐는 암에 저항성을 보였다.[6] 이후 BCG에 감염된 생쥐 혈청에서, 종양을 괴사시키는 활성이 있는 단백질 인자가 있다는 것이 발견되었다. 이 인자는 종양괴사인자(tumor necrosis factor, TNF)라고 이름이 붙여졌다.[7] 1976년에는 방광암 환자에게 BCG를 주사해 치료할 수 있다는 것이 발표되었다.[8] 방광암 치료에 BCG를 처방하는 것은, 지금까지도 비특이적인 면역요법으로 사용되고 있다.

면역

여기쯤에서 이야기를 잠시 멈추고, 면역체계에 대한 아주 기본적인 것들을 훑어보려고 한다. 면역체계는 생명과학 전공자들에게도 쉽지 않은 분야다. 사람의 복잡한 면역체계 전반을 이 작은 책에서 모두 그릴 수는 없지만, 개괄적인 이해는 필요하다. 면역에 대해 좀더 공부하고 싶은 독자들은 대학에서 주로 쓰이는 '일반생물학' 교과서의 면역학 부분을 참조하길 바란다.[9]

사람의 면역은 자신과 자신이 아닌 것을 구분하는 메커니즘이다. 외부 침입으로부터 자기를 보호하려면 외부 침입자를 인식해야 하고, 외부 침입이 있으면 이를 물리치기 위한 방어 메커니즘을 작동시킨다. 외부 침입자로부터 스스로를 보호하는 방어 메커니즘은 내재성 면역(innate immunity)과 적응성 면역(adaptive immunity)으로 구분된다. 내재성 면역은 특정한 병원체에 특이적이지 않은 방어 메커니즘이다. 즉 외부 침입자의 종류를 가리지 않는다. 대표적인 메커니즘으로 병원체가 세포 안으로 들어가지 못하게 하는 물리적 장벽, 보체(complement) 단백질 등으로 병원균 무력화, 식세포 작용(phagocytosis)으로 병원체를 먹어치워 파괴, 염증(inflammation)을 일으켜 감염된 세포로부터 더 이상 병원체의 감염이 퍼지지 않도록 장벽을 만들면서 식세포를 유도하는 등 여러 가지 방어 메커니즘을 포함한다.

적응성 면역은 특정한 병원체를 특이적으로 막는 메커니즘이다. 자기 몸에 원래 있던 생체 고분자 물질과 그렇지 않은 외부 침입자를 구분하고 기억해, 특정 병원체나 병원체에 감염된 세포를 무력화시킨다. 적응성 면역은 주로 항체(antibody)가 활약하는 체액 면역(humoral immunity)과 세포에 의해서 이루어지는 세포 매개 면역(cell-mediated immunity)으로 나뉜다.

체액 면역에서 중요한 것은 골수(bone marrow)에서 만들어지는 B세포다. B세포가 항체를 만들기 때문이다. B세포는 외부 단백질(항원, antigen)을 인식하는 항체를 표면에 가지고 있다. 다양한 항원을 인식하는 항체의 다양성은 B세포의 발생과정에서 확보된다. B세포 한 개는, 한 종류의 항원과 결합하는 하나의 항체를 가진다. 따라서 한 종류의 항원과 결합할 수 있다.

그런데 바이러스나 암세포에 있는 항원의 종류는 매우 다양하다. B세포가 한 가지 항체만을 가지고 있어 한 가지 항원에만 결합할 수 있으니, 다양한 항원에 맞서 면역 작용을 해야 하려면 다양한 항체를 만들어야 한다. 이를 위해서는 B세포의 종류가 많아져야 한다. 다양한 항체를 만들기 위해, B세포는 발생 과정에서 항체 유전자를 재조합하는, 체세포 돌연변이 과정을 거친다.

그런데 여기서 끝이 아니다. 다양한 종류의 항체 유전자를 가진 다양한 B세포가 생기는 것만으로는 안 된다. B세포 항체 가운데 원래 몸에 있던 단백질을 항원으로 인식하는 것들이 있다. 항체가 항원과 결합하면 해당 단백질의 기능을 멈추거나 저해한다. 따라서 우리 몸에 있는 단백질에 결합하는 항체를 미리 없애야 한다. 골수에서 만들어지는 과정에 있는 B세포 가운데 자기 몸에 있는 단백질을 항원과 결합하는 B세포는 사멸하여 더 이상 증식하지 못한다. 대신 몸속에 있는 항원을 만나지 않은, 즉 외부에서 들어오는 항원을 인식할 수 있지만 몸속에 있는 항원은 인식하지 못하는 B세포는 살아남는다.

이렇게 살아남은 B세포(naïve B세포)는 몸속 이곳저곳을 다니며 인식할 수 있는 항원이 있는지 검사한다. 바이러스처럼 외부에서 몸속으로 항원이 들어오면, 무작위로 생성되었던 무수히 많은 B세포 가운데 우연히 해당 항원을 인지하는 수용체를 가진 B세포가 활성화되며 대량으로 증식한다. 활성화된 B세포는 형질(plasma) 세포로 분화하여 항체를 생산한다. 일부 B세포는 기억(memory) B세포로 바뀌어 몇 년 동안 몸속에 남아 있다가, 똑같은 병원체가 다시 침투하면 빠르게 대응하는 항체를 생산한다.

세포 매개 면역(cell-mediated immunity)은 다른 세포와 상호작용하여 이루어지는 면역 활동이다. 이를 매개하는 세포는 T세포다. 흉선(thymus)에서 성숙해 T세포라 이름이 붙은 이 면역세포는 다른 세포들과 서로 반응한다. 체액 면역은 B세포와 항체가 직접 항원과 접촉하여 항원과 반응하는 항체를 생산하는 반면, 세포 매개 면역에서는 그 과정이 좀더 복잡하다.

우선 외부 병원체 유래 항원은 B세포, 대식세포, 수지상세포 같은 항원전시세포(antigen presenting cell, APC)로 들어가서 분해된다. 이후 항원전시세포 표면에 있는 조직적합성 복합체(major histocompatibility complex, MHC)에 항원 조각이 올라가 '외래 병원체가 침입했음'을 외부 환경에 알려준다. 항원전시세포가 세포 표면에 항원의 존재를 알리면, T세포는 이를 T세포 수용체로 인식한다. 하나의 B세포가 한 종류의 항원을 인식하는 것처럼, T세포도 한 종류의 항원 조각이 결합한 MHC를 가지고 있는 세포를 인식한다.

1. 대식세포는 항원을 잡아서 삼키고, 소화한다.
2. 대식세포는 항원의 일부를 자신의 표면에 드러낸다.
3. 대식세포와 도움 T세포 간의 단백질 상호작용은 도움 T세포를 활성화한다.

MHC-II 단백질의 항원 일부 제시

T세포 수용체

도움 T세포

CD28

B7

항원

대식세포

도움 T세포1이 분비한 사이토카인은 대식세포의 항원 섭취, 파괴 작용을 보다 효과적으로 진행하도록 자극한다.

항원에 감염된 세포는 항원의 일부를 그들의 표면에 제시한다.

MHC-1 단백질의 항원 일부 제시

도움 T세포1이 분비한 사이토카인은 감염된 세포를 죽이는 세포독성 T세포를 활성화한다.

세포독성 T세포

활성화된 세포독성 T세포는 결합한 감염 세포를 파괴하는 성숙 세포독성 T세포로 증식하고 분화한다.

성숙 세포독성 T세포

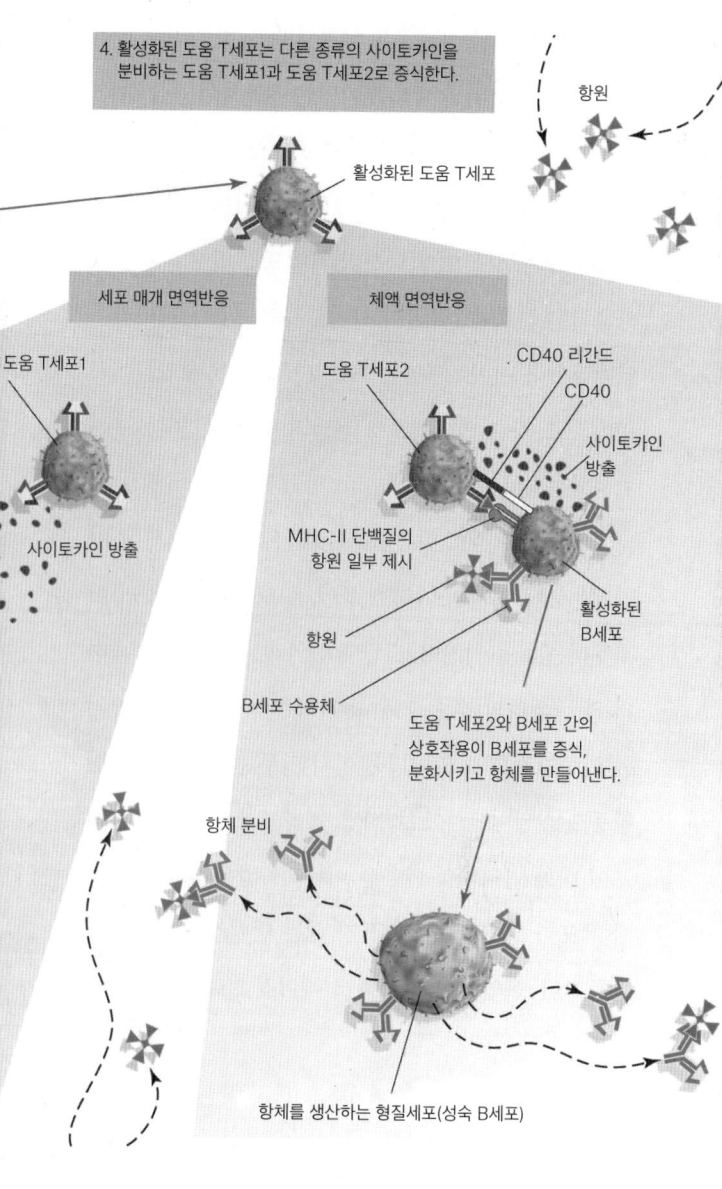

이후 T세포는 T세포의 종류에 따라 하는 일이 달라진다. 항원에 감염된 세포를 죽이는 세포독성(cytotoxic) T세포, 다른 면역세포를 활성화하는 보조(helper) T세포, 다른 T세포의 활동을 제어하는 제어(regulatory) T세포로 구분된다. 이때 다른 면역세포를 활성화하는 데 사용하는 신호전달물질이 사이토카인(cytokine)이라는 단백질이다. 사이토카인은 보조 T세포 등에서 만들어져 분비되고, 다른 면역세포로 전달되어 다른 면역세포를 활성화하거나 억제한다.

면역계가 주로 대응하는 상대는 외래 병원체다. 면역계는 세균이나 바이러스 등이 몸속으로 침투하면 이로부터 생물을 지킨다. 그런데 면역계는 '자신에게 속하지 않는 외래의 것'은 모두 공격하는 성질이 있다. 장기를 이식받았을 때 일어나는 이식 거부 반응도 면역계의 활동으로 일어난다. 그렇다면 몸속에서 만들어진 암세포에 대한 면역계의 반응은 어떨까? 많은 암세포는 정상 세포가 일반적으로 만들지 않는 단백질을 대량으로 만들거나, 돌연변이에 의해서 특이적으로 만들어지는 단백질을 가진다. 즉 면역계가 흔히 접하지 못하는 항원을 가진 암세포도 타자로 인식될 수 있다. 따라서 면역계, 특히 세포 매개 면역은 암세포를 타자로 인식하여 암세포를 없앨 수 있다. 만약 면역계가 암세포를 없앨 수 있다면, 왜 암이 생기는 것일까? 면역계에 대한 대략의 얼개를 그렸으니 다시 이야기를 시작하자.

종양면역감시

1909년, 독일 면역학자 파울 에를리히(Paul Ehrlich, 1854-1915)는 실험동물에 암 조직을 이식하는 실험을 했다. 그런데 한 번 암 조직을 이식받았던 실험동물에 같은 종류의 암을 다시 이식하면 암세포가 더 이상 자라지 않는다는 것을 발견했다. 실험에 이용한 동물에 암세포를 기억해 억제하는 기능이 있는 것일까? 같은 해 파울 에를리히는 고등생물에서 암 발생이 쉽게 일어나지 않는 이유로 '고등생물의 면역시스템이 암을 억제하기 때문'

이라는 가설을 내놓았다.[10] 당시 면역체계에 대한 과학 지식은 부족했고, 파울 에를리히의 가설을 증명하는 것도 어려웠다. 고등생물의 면역체계를 어느 정도라도 이해하기 위해서는 1980년대까지 기다려야 했다.

1950년대가 되자 파울 에를리히가 제시한 가설을 설명할 수 있는 연구 결과들이 나오기 시작했다. 면역계가 암을 억제한다는 가설을 증명하는 실험 결과가 나오기 시작한 것이다. 특히 근친 교배를 거쳐 유전적으로 완전하게 동일한 근교계(inbred line) 쥐를 만들 수 있게 된 것이 중요한 계기였다.

근교계 쥐는 모두가 유전적으로 동일한 쌍둥이라고 할 수 있다. 따라서 근교계 쥐끼리는 세포나 조직을 이식해도 면역 거부가 없다. 어떤 실험동물 가운데 한 녀석에게 생긴 암세포를 다른 실험동물에 이식했을 때 암세포가 잘 자라지 못하면, 이식받은 동물은 해당 암에 면역을 가지고 있다고 볼 수도 있다. 하지만 실험동물 개체 간 유전적 차이가 있다면, 다른 개체에서 유래한 세포는 그것이 암세포든 정상 세포든 상관없이 단순한 이식 거부 반응으로 사멸시키는 것일 수도 있다.

그런데 근교계 쥐처럼 유전적으로 완전히 동일한 개체에서 얻은 암세포라면 이런 가능성을 걱정하지 않아도 된다. 근교계 쥐에서 바이러스 감염으로 암이 발생하고, 이 암세포를 해당 바이러스에 감염된 적이 있는 쥐에 이식하면, 암세포가 이상 자라지 못한다는 결과가 1950년대에 보고되기 시작했다. 암세포에 특이적인 항원이 있고, 이를 기억하고 제거하는 면역반응으로 암세포가 죽는다는 것이다.[11]

1955년, 오스트레일리아 면역학자 프랭크 맥팔레인 버넷(Frank Macfarlane Burnet, 1899-1985)과 루이스 토마스(Lewis Thomas, 1913-1993)는 종양면역감시(caner immune surveillance) 가설을 제안했다. 수명이 긴 대형 동물은 체세포에 유전적 변이가 쌓이는데, 이런 변화는 필연적으로 종양화를 촉진한다. 진화직으로 위험한 돌연변이 세포를 제거하거나 무력화하는 메커니즘이 작동해야만 대형 동물의 수명이 보장될 것이다. 이런 메커니즘은 외래 병원체로부터 자신을 지키는 시스템인 면역과 동일한 것이라는 주장이었다.[12] 버넷과 토마스는 혈액 안에 있는 T세포, B세포 등 림프구가 끊임없이 암세포로 변화되는 세포를 감시할 것으로 예상했다.

만약 종양면역감시 가설이 맞다면, 면역시스템이 망가진 생물은 그렇지 않은 생물보다 좀더 많이 암에 걸릴 것이다. 1960년대, 갓 태어난 쥐의 흉선(T세포를 성숙시키는 기관)을 수술로 제거하거나 면역체계의 활동을 억제하는 화합물을 처리한 다음, 암 발생 빈도를 비교하는 연구들이 진행되었다. 흉선은 T세포가 성숙되는 기관이니, 흉선이 있는 쥐와 없는 쥐의 암 발생 빈도를 비교하면 암이 면역계에 의해서 조절되는지 확인할 수 있을 것이라는 기대였다.

그러나 실험 결과는 일관성이 없어 면역체계가 암 발생을 억제한다는 결정적인 증거가 되기 힘들었다. 1965년, 영국 암 연구소(Institute of Cancer Research) 연구팀은 흉선을 제거한 쥐와 대조군 쥐에 20-메틸콜란트렌(20-methylcholanthrene)이라는 물질을 처리한 후 암 발생 빈도를 비교했다.

20-메틸콜란트렌은 돌연변이를 유도하는 물질로, 강력한 발암원으로 알려져 있었다. 만약 면역체계가 암을 억제한다면 동일한 수준의 발암물질인 20-메틸콜란트렌을 처리해도 흉선이 제거되어 면역계가 망가진 쥐에서 좀더 암이 많이 발생할 것이었다. 실험 결과는 기대와 달리 두 집단에서 의미 있는 차이를 보여주지 않았다.[13] 한편 같은 해에 일본 미에(三重) 의대 연구팀은 20-메틸콜란트렌을 앞에서 사용한 쥐와 다른 품종의 쥐에서 처리하는 실험을 했다. 흉선을 떼어내고 처리하니 이번에는 높은 빈도로 암이 발생했다.[14]

사용한 실험동물의 종류나 실험 방법의 미세한 차이가 결과에 영향을 주었고, 종양면역감시 가설을 입증하기는 어려웠다. 한 가지 확실한 것이 있다면 '바이러스가 유도하는 암은 면역이 결핍된 쥐에서 확실히 많이 발생했다'는 것을 확인한 정도였다. 이것도 면역감시 메커니즘으로 바이러스에 의해 발생한 암이 제거된 것인지, 면역이 결핍된 동물에서는 바이러스의 활동이 더 활발해져서 암이 더 많이 발생했는지 구분하기는 어려웠다.

종양면역감시 가설이 제안되었지만 동물실험에서 확실한 답을 얻지 못했으니, 사람에게 종양면역감시 메커니즘이 작동하는지에 대한 의문도 계속되었다. 동물은 실험이라도 해볼 수 있었지만 사람을 대상으로 직접 실험을 할 수는 없었다. 사람에 대해서는 면역결핍질환을 앓고 있거나, 장기를 이식받아 면역억제제를 장기간 투여받은 환자들을 대상으로 한 역학조사에서 암 빈도를 살펴보는 연구가 진행되었다. 역학조사 결과 일반인에 비해 면역결핍질환을 앓고 있거나, 면역억제제를 장기간 투여받은 환자에게 암이 많이 나타났다.[15]

그러나 암이 발생한 원인은 대부분 엡스타인-바 바이러스(epstein-barr virus)나 인간 파필로마 바이러스(human papilloma virus)처럼 암의 위험도를 높이는 바이러스가 발생 빈도를 높힌 것이었다. 동물실험에서와 마찬가지로 면역 능력이 약해진 사람에게서 암이 많이 생기는 이유가 면역감시 메커니즘이 실패해 암세포가 제거되지 않은 것인지, 면역결핍으로 바이러스 등의 병원체에 대한 감염이 높아져서인지 판단하기 어려웠다.

그럼에도 연구 결과가 쌓여갈수록 심증은 굳어졌다. 바이러스와 뚜렷하게 관계가 없는 암에서도 면역이 억제되면 발병 확률이 높아진다는 것은, 사람의 면역감시 메커니즘이 암을 억제한다는 것을 암시했다. 장기이식수술을 받고 이식거부반응을 막기 위하여 면역억제제를 투여받은 환자에게 나타나는 악성흑색종(malignant melanoma) 발생 빈도는 대조군에 비해 4배 이상 높았다.[16] 면역력이 약하다고 할 수 있는 어린이가 장기를 이식받았을 때는 흑색종 발생 빈도가 일반인에 비해 10배 이상 높았다.[17] 사람에게도 면역감시에 의한 암 억제가 있을 것이라고 예측하기에 충분했다.

혼란

1960년대, 수술로 흉선을 제거하거나 화학물질을 처리해 면역기능을 억제하는 실험들은 면역감시 가설을 증명하지 못하고 있었다. 흉선을 없애거나 화학물질을 처리해도 면역력을 완벽하게 제거할 수는 없었기 때문이다. 그런데 1966년, 털이 없는 돌연변이 쥐인 '누드 마우스'가 발견되었다.[18] 이 누드 마우스는 아예 흉선이 없었다. 따라서 흉선에서 성숙되는 T세포도 없을 것이었다.

수술로 흉선을 없애거나 화학물질을 처리하는 등의 조작을 거친 실험에서는 예상치 못한 변수들이 실험 결과에 영향을 줄 수 있었겠지만, 누드 마우스는 태어날 때부터 유전적으로 면역이 결핍되었으므로 이런 영향을 덜 받을 수 있을 것이라 기대되었다.

1974년, 뉴욕 메모리얼 슬로언-캐터링 암 센터의 오시아스 스터트만(Osias Stutman, 1933-)은 돌연변이원 3-메틸콜란트렌을 누드 마우스와 정상 쥐에 처리했다. 실험 결과, 두 쥐 사이에 암 발생 빈도 차이는 없었다.[19] 또한 돌연변이원을 처리하지 않은 누드 마우스의 암 발생도 별 차이가 없다는 연구 결과도 보고되었다.[20] 이 결과로 면역감시이론이 완전히 부정되는 것처럼 보였다. 1970년대 이후 종양면역감시 가설의 입지는 약해졌고, 심지어 죽은 가설로 여겨지기도 했다.

그러나 연구가 진행되던 1970년대에는 면역계에 대해 아직 모르는 것이 많았다. 우선 누드 마우스의 면역 기능이 완전히 사라진 것은 아니었다.[21] 면역 기능을 수행하는 T세포는 흉선에서 만들어지니, 흉선 없는 누드 마우스는 T세포가 없을 것이라 생각했다. 그런데 정상 쥐에 비해서는 적었지만 누드 마우스에도 T세포가 있었다. 이는 1980년대가 되어야 밝혀진다.[22] 또한 흉선에 의존하지 않은 면역세포인 NK세포나 γδ T세포 등이 누드 마우스에 있었다.[23]

한편 스터드만이 실험에 사용한 누드 마우스 돌연변이주는 CBA/H 계통(strain)의 쥐에서 유래되었다. 그런데 스터드만이 암을 유발하기 위해 사용한 3-메틸콜란트렌에 이 계통의 쥐가 특히 민감하게 작용하며, 그로 인해 암 발생 빈도가 특히 높아졌다는 것도 나중에 알려졌다.

결과적으로 면역계에 대한 지식이 충분하지 않았지만, 종양면역감시 가설이 틀렸다는 성급한 결론이 나오며 면역과 암 관련 연구는 침체되었다. 그러나 면역계

흉선이 없어 T세포를 만들어낼 수 없는 누드 마우스는 면역이 결핍되어 있다.

에 대한 지식이 좀더 쌓이면서 종양 면역감시가설의 운명은 다시 바뀐다.

사이토카인

사이토카인(cytokine)은 주로 면역세포에서 분비되며, 다른 세포에 신호를 전달하는 작은 단백질이다. 사이토카인은 1950년대 말 발견되었다. 스위스 출신 바이러스학자 장 린덴만(Jean Lindenmann, 1924-2015)과 알릭 아이삭(Alick Isaacs, 1921-1965)은 바이러스 간섭(virus interference)이라고 불리던 현상을 연구하고 있었다. 바이러스 간섭은 세포가 어떤 바이러스에 감염된 이후에 같은 바이러스에 감염되는 빈도가 현저하게 떨어지는 현상이다.

린덴만과 아이삭은 바이러스 간섭 메커니즘이 궁금했다. 이들은 열처리를 거쳐, 죽은 인플루엔자 바이러스를 세포에 첨가했다. 그 세포는 나중에 살아 있는 인플루엔자 바이러스에 어느 정도의 내성을 가졌다. 이들은 세포가 죽은 바이러스 추출물에 반응해서 어떤 물질을 분비하는 것을 확인했다. 이 물질을 인터페론(interferon)이라 불렀다.[24] 여러 동물의 조직과 세포에서 인터페론이 만들어지는 것이 확인되었고, 인간 백혈구에도 바이러스를 감염시키면 인터페론이 세포 밖으로 방출되는 것이 알려졌다.

인터페론의 화학적 실체는 인터페론의 생물학적인 활성이 알려진 지 20여 년이 지난 1978년이 되어서야 확인되었다.[25] 바이러스에 감염된 백혈구에서 분비된 인터페론을 순수하게 정제해서 분석해보았다. 분자량 17,500달톤의 단백질이며 인터페론이라고 부르던 물질은 한 종류의 단백질이 아니었다. IFN-α, IFN-β, IFN-γ의 3개 그룹으로 나뉘는 약 20여 종에 이르는 물질의 총합체였다.

인터페론은 어떻게 작용할까? 면역세포에서 분비되어 세포 안으로 배출된 인터페론은 다른 면역세포의 세포막에 존재하는 수용체(IFNAR1과 IFNAR2이라는 단백질로 구성된다)와 결합하여 인식되고, 수용체는 단백질 타이로신 인산화효소인 Tyk2/JAK1을 활성화하게 된다. 활성화된 Tyk2/Jak1은 전사인자인 STAT1/STAT2를 인산화하고, 인산화된 STAT1/STAT2는 핵으로 들어가서, 항 바이러스 면역반응에 관련된 여러 유전자의 전사 개시를 돕는다. 이렇게 여러 면역반응에 관련된 유전자에서 만들어진 단백질은 면역세포를 활성화하여 면역반응을 개시한다.[26] 인터페론은 다른 면역세포에게 면역반응을 개시하라는 명령을 전달하는 전령 역할을 하는 셈이다.

인터페론과 함께 대표적인 사이토카인 가운데 하나인 인터루킨-2(interleukin-2)는 1970년대 미국 연방 정부가 벌인 암과의 전쟁(War on Cancer) 과정에서 발견되었다. 암과의 전쟁에 참여한 의과학 연구자들은 정부의 엄청난 연구비 투자에 이끌려 암 발생 메커니즘을 연구했다. 주된 연구 주제로는 사람에게 암을 일으키는 주요 원인이라고 생각한 바이러스 탐색이었다. 미국 국립보건원(NIH)에서 연구하던 로버트 갤로(Robert C.

T세포 성장인자(IL-2)를 발견한 로버트 갤로

Gallo, 1937-)도 이들 가운데 한 명이었다.

로버트 갤로는 인간 유래 레트로바이러스를 연구하기 위해, 암을 유발하는 바이러스인 엡스타인-바 바이러스에 감염된 B세포를 골수세포에서 분화하는 방법을 찾고 있었다. 그는 B세포와 T세포로 분화하는 조혈모세포가 들어 있는 골수 유래 세포를 골수에서 채취해, 여러 물질을 첨가하면서 세포 분화를 촉진해 B세포를 분화시키는 실험을 했다.

갤로는 골수 세포 분화를 촉진하려고, 림프구 증식을 촉진한다고 알려진 식물 유래 단백질인 피토헤마글루티닌(phytohaemagglutinin, PHA)을 이용했다. 혈액에서 채취한 림프구에 피토헤마글루티닌을 처리하고, (세포가 제거된) 상등액을 골수세포 배양액에 첨가하였다. 피토헤마글루티닌은 림프구의 분열을 유도하므로, 피토헤마글루티닌이 자극한 림프구는 B세포를 성장시키는 물질을 분비할 것으로 기대했다. 그런데 갤로의 기대와 달리 B세포 대신 T세포만 선택적으로 자라났다. 피토헤마글루티닌으로 자극받은 림프구는 T세포 성장인자(T-cell growth factor, TCGF)라고 이름 붙여진 물질을 분비하여 T세포를 자라게 만들었다.[27]

로버트 갤로는, 자신이 의도했던 엡스타인-바 바이러스에 감염된 B세포를 골수세포에서 분화해 분석하는 기술 대신, T세포를 선택적으로 체외에서 배양하는 기술을 우연히 개발했다. (이후 골수에서 T세포를 배양하는 기술로 T세포에 감염되는 레트로바이러스인 인간면역결핍바이러스[human immunodeficiency virus], 즉 AIDS의 원인 바이러스를 최초로 분리하는 성과를 거둘 수 있었다.)

갤로가 발견한 'T세포 성장인자'는 T세포뿐만 아니라 NK세포나 B세포 등의 다른 면역세포 성장도 촉진한다는 것이 나중에 밝혀졌다. T세포 성장인자보다 좀더 특징을 잘 설명할 수 있는 새 이름도 필요했다. 백혈구(leukocytes) 사이(inter)에서 성장 신호를 전달한다는 의미로 인터루킨(interleukin)이라는 이름이 제안되었으며,[28] 갤로가 발견한 단백질은 인터루킨-2(IL-2)라는 이름을 얻었다.

IL-2는 면역반응 초기에 T세포 성장을 촉진시키지

만, 몸에 있는 자기 단백질에 대한 면역반응을 중단시키기도 한다. 또한 IL-2는 CD8 T세포, CD4 T세포 및 NK세포를 활성화하는 동시에, 조절 T세포(regulatory T Cell, Treg) 유지에도 필수적인 역할을 한다.[29] IL-2는 어떻게 여러 면역세포에서 인식되고, IL-2를 인식한 면역세포는 어떻게 신호를 전달하여 반응할까?

면역세포에서 IL-2를 인식하는 수용체는 세 개의 단백질로 구성된다. 각 수용체를 구성하는 단백질 조합에 따라서 수용체와 인터루킨-2의 결합력은 달라진다. 인터루킨 수용체(IL-2R 혹은 CD25로 불리는) 알파 체인만으로 구성된 결합은 IL-2와 친화력이 높지 않고, 신호전달도 일어나지 않는다. 베타 체인(IL-2Rβ)과 감마 체인(IL-2Rγ)으로 구성된 수용체는 좀더 강한 결합력을 가지며, 신호전달을 유발한다. 여기에 알파 체인이 포함되어 3개의 단백질로 구성된 수용체는 IL-2에 강하게 결합한다.

각기 다른 T세포는 서로 다른 친화력을 가진 인터루킨 수용체 조합에 따라 IL-2에 달리 반응한다. IL-2와 결합한 인터루킨 수용체는 인터페론과 유사한 신호전달 경로를 거쳐 면역 관련 유전자의 발현을 유도한다. 즉 IL-2와 결합한 수용체는 단백질 타이로신 인산화효소 JAK1/JAK3를 활성화하고, 이는 STAT5를 다시 인산화한다. 인산화된 STAT5는 이합체(dimer)를 형성하여 핵 안으로 들어가서 면역 관련 유전자의 전사를 촉진하게 된다. 이렇게 면역세포에서 분비된 IL-2는 여러 면역세포 활성화를 유도한다.

가능성 vs. 한계

인터페론이나 인터루킨 등의 사이토카인은 혈액에서 채취한 림프구를 자극하면 세포 밖으로 분비되었다. 덕분에 재조합 DNA 기술이 보급되지 않았던 1970년대에도 혈액 속 림프구를 자극하는 방법으로 사이토카인을 얻을 수 있었다. 사이토카인을 비교적 손쉽게 얻을 수 있게 되자, 이를 항암 치료에 이용할 수 있을 것이라는 가능성도 기대되었다. 면역계가 암을 조절한다는 종양면역감시 가설을 바탕으로, 사이토카인 투여가 면역세포를 인위적으로 활성화시키면 항암 효과를 낼 수 있을 것이라는 아이디어였다.

가장 먼저 사용된 사이토카인은 IFN-α였다. 1980년, 38명의 말기 유방암, 골수종, 림프종 환자를 대상으로 정제된 인간 유래 인터페론을 투여하는 실험이 진행되었다. 실험에 참여한 유방암 환자 17명 가운데 7명, 골수종 환자 10명 중 6명, 림프종 환자 11명 중 6명에게서 종양의 크기가 줄어드는 종양 회귀(tumor regression)가 관찰되었다.[30]

임상 연구에 사용된 IFN-α는 인간 림프구를 자극해서 얻은 단백질이었다. 첫 임상시험에서 고무적인 결과를 보여주었지만, 치료용으로 사용할 만큼 충분한 양을 얻기는 어려웠다. 이는 바이오벤처 기업이나 바이오테크 기업에 좋은 기회였다.

1980년대 초, 재조합 DNA 기술로 단백질 의약품 개발에 관심을 보이던 여러 바이오테크들은 IFN-α 유전자를 대장균에 넣어 저렴한 비용으로 대량생산하는 것을 시도했다. 제넨텍은 대장균에서 IFN-α 유전자를 발현하여 생산한 재조합 단백질에 생물학적 활성이 있다는 것을 입증했다.[31] 제넨텍이 생산한 재조합 단백질 IFN-α는 사람 대상 임상1상에 사용되어 인간 유래 인터페론과 활성이 같다는 점도 확인되었다.[32]

유모세포백혈병(hairy cell leukemia, HCL)은 골수세포에서 만들어지는 B세포가 암세포가 되는 희귀 질병이다. 혈액 안에 비정상적으로 B세포 유래 암세포가 많아진다. 비정상적으로 B세포가 많아지면 정상적인 백혈구, 적혈구, 혈소판 생성이 방해받는다. 이런 이유로 빈혈이나 피로 등 적혈구 수치가 낮을 때 나타나는 증상이 유모세포백혈병 환자에게서도 나타난다. 이에 IFN-α를 투여해 면역시스템을 활성화하고, 유모세포백혈병을 치료하려는 임상시험이 시도되었다.

1984년, 유모세포백혈병 환자 7명에게 사람 혈액에서 유래한 IFN-α가 투여되었다. 이 가운데 3명에게 B세포 유래 암세포가 완전히 사라진 완전관해(complete remission)가 나타났고, 4명에게 부분관해(partial remission)가 나타났다.[33] 이 결과는 대장균에서 만들어진 재조합 단백질 IFN-α를 이용한 실험에서도 재현되었다. 1986년 제넨텍과 바이오젠(Biogen)이 개발한 재조합 IFN-α는 유모세포백혈병 치료제로 FDA 승인을 받았다. 재조합 DNA 기술로 만들어진 단백질이 최초로 암 치료제로 승인받은 사례이자, 사이토카인을 이용한 첫 암 치료제였다.

IFN-α는 만성 골수성 백혈병(chronic myeloid leukemia, CML) 치료에도 효과가 있었다. 1994년 만성 골수성 백혈병 환자에게 기존 화학요법 치료와 IFN-α를 이용한 치료를 비교한 실험에서, IFN-α를 이용한 치료가 화학요법에 비해 더 나은 효과를 보여주었다.[34]

그러나 IFN-α를 이용한 치료제는 단점이 있다. IFN-α 투여는 몸속 모든 면역세포를 활성화하는 비특이적 면역항암치료였다. 모든 면역세포가 활성화하므로 부작용이 심했다. IFN-α가 투여되면 독감에 걸린 것처럼 발열, 근육통, 관절통, 두통 등이 나타났고, 투여

1980년대 제넨텍에서
사용하던 세포 배양기

량이 많아지면 신경독성도 나타났다. 심각한 부작용은 IFN-α의 활발한 임상 활용을 제한했다. 이후 DNA를 만드는 전구물질인 퓨린과 퓨린 유사 물질인 펜토스타틴(pentostatin)을 이용한 화학요법이 IFN-α를 이용한 치료법보다 유모세포백혈병에 더 효과적이라는 임상시험 결과가 발표되었다.[35]

IFN-α는 유모세포백혈병 1차 치료제 자리에서 물러났다. 만성 골수성 백혈병의 경우도 표적항암제인 글리벡®이 IFN-α보다 효능이 좋다는 임상 결과가 나온 이후에 IFN-α는 1차 치료제 자리에서 내려온다.[36]

IFN-α의 뒤를 이어, IL-2로 면역세포를 활성화하여 암을 치료하는 가능성도 검토되었다. IL-2도 IFN-α와 마찬가지로 재조합 DNA 기술을 이용해 대장균에서 생산이 가능했다. 인위적으로 생산된 IL-2도 혈액 유래 IL-2와 마찬가지 효능을 보여주었고, 치료제로 적용하기 위한 임상시험도 시작되었다.[37]

1985년, 화학요법에도 치료에 진전이 없는 25명의 전이성 암 환자에게 고농도 IL-2를 투여하는 임상시험이 진행되었다. 결과는 좋았다. 전이성 흑색종 환자 7명 중 4명, 전이성 신장암 환자 3명 중 3명에게서 암세포가 줄어드는 종양 회귀가 관찰되었다.[38] 임상시험은 확장되었다. 1985년부터 1993년까지 전이성 흑색종 환자 270명에게 고농도 IL-2를 투여하는 시험이 진행되었다. 종양이 완전히 사라진 환자는 6%, 종양이 절반 이하로 줄어든 환자는 10%였다.[39] 임상시험 결과를 바탕으로 1992년과 1998년, FDA는 IL-2를 전이성 신장암과 전이성 흑색종 치료제로 각각 승인했다.

그러나 IL-2도 IFN-α처럼 비특이적인 면역계 활성화로 여러 부작용과 독성이 나타났다. 고농도 IL-2를 투여하면, 베타 체인(IL-2Rβ)과 감마 체인(IL-2Rγ)으로 구성되어 IL-2에 중간 단계 친화력을 가지는 IL-2 수용체가 있는 B세포나 NK세포 등 여러 면역세포가 동시에 활성화되었다. 이는 심각한 부작용으로 이어졌다.[40] 예를 들어 고농도 IL-2를 투여하면 모세혈관에서 수분과 단백질이 유출되어 장기부전 현상이 생기고 환자의 생명이 위험해지는 모세혈관 누출 증후군(capillary leak syndrome, CLS)이 발생하고는 했는데, 이러한 부작용은 IL-2의 폭넓은 활용을 가로막았다.[41]

사이토카인을 투여해 면역체계를 활성화하고, 암을 치료하겠다는 아이디어는 1980년대 항암 치료의 새로운 패러다임으로 주목을 끌었다. 그러나 사이토카인에 의한 비특이적인 면역계 활성화와 그에 따른 부작용 때문에 항암 활성을 유지할 수준의 고농도 사이토카인을 투여하는 것은 현실적으로 어려웠다. 사이토카인 항암 치료가 기대했던 효과를 내지 못하자, 재조합 단백질 제조로 사이토카인을 만들어 항암 치료제로 개발하려던 바이오테크들도 타격을 입었다. 예를 들어 IL-2를 치료제로 개발하던 시터스(Cetus)는 IL-2의 신장암 치료제 승인이 지연되면서 자금난을 겪다가 1991년 카이론(Chiron)에 인수되었다. 이런 분위기는 한국도 마찬가지였다. 1980년대 초만, 한국에서도 정부 주도로 유전공학이 다음 세대 성장동력으로 주목받게 되었다. 이에 따라 IL-2나 IFN-α 등 비교적 쉽게 대장균에서 만들어낼 수 있는 재조합 단백질 의약품 생산에 국내 대기업과

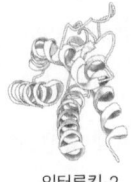

인터루킨-2
(IL-2)

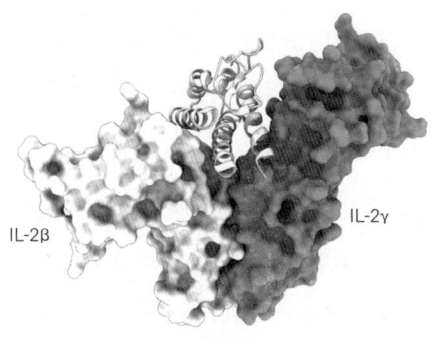

IL-2β

IL-2γ

인터루킨-2 +
중친화 수용체

인터루킨-2(IL-2)는 면역세포를 활성화하는 사이토카인이다. 면역세포에서 인터루킨-2를 인식하는 수용체는 세 개의 단백질로 구성되며, 수용체 조합에 따라서 인터루킨-2와 얼마나 단단하게 결합하는지가 달라진다.

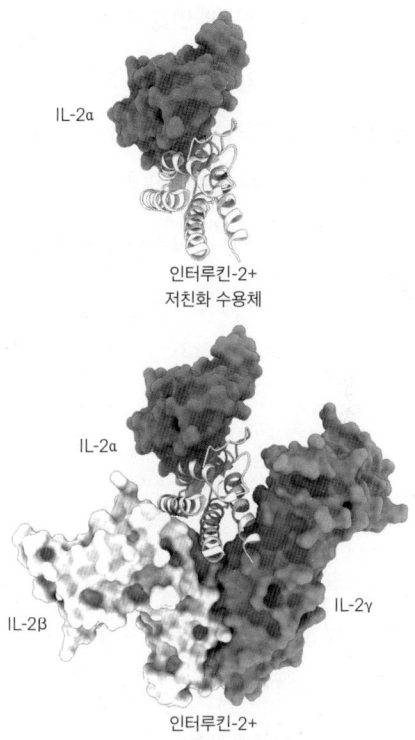

제약기업들도 뛰어들었다. 이러한 사이토카인 의약품은 암을 치료할 수 있는 '기적의 약'으로 주목받았다. 예를 들어 1987년 6월 25일 『매일경제』 1면에는 대통령이 주재하는 제1회 기술진흥확대회의에서 레이저, 갈륨비소반도체, 인공지능, 고온초전도, 극한기술과 함께 항암제인 인터루킨-2의 개발을 국가적인 목표로 설정하고 있다는 기사를 볼 수 있다. 그러나 사이토카인 의약품을 사용한 항암 치료 효과가 기대에 못 미치면서 한국의 유전공학 붐도 곧 잦아들었다.

부활

암 치료제로 폭넓은 활용에는 실패했지만, 사이토카인이 어떻게 면역세포에서 신호를 전달하고 면역세포를 활성화시키는지에 대한 연구는 면역에 대한 이해를 넓혀주었다. 특히 이런 연구들은 종양면역감시 가설이 다시 주목받게 하는 결정적인 계기가 되었다.

1970년대 중반 종양면역감시 가설과 반대되는 연구 결과들이 보고되었을 때, 종양면역감시 가설은 사실과 동떨어진 낡은 이론으로 취급받았다. 그러나 1980년대에 면역시스템에 대한 지식이 폭발적으로 늘어나자 상황은 바뀌었다. 분자생물학적 면역학 연구가 본격적으로 진행되면서, 면역반응에 관련된 유전자들이 하나 둘씩 알려졌다.

특히 1990년대에는 이러한 면역반응에 관계하는 유전자의 기능을 알아볼 수 있는 녹아웃 마우스(knock-out mouse) 기술이 일반화되었다. 녹아웃 마우스는 특정 유전자를 없앤 쥐다. 이 기술을 이용해 특정 유전자를 없앤 쥐에서 나타나는 이상 현상을 연구하면, 없애버린 유전자가 원래 어떤 역할을 수행하는지 알아낼 수 있다. 이렇게 면역기능에 관계된 유전자의 역할을 알아볼 수 있었다. 나아가 면역에 관계하는 유전자들이 망가진 쥐를 이용해, 특정 면역 관련 유전자가 암 발생에 어떤 영향을 미치는지 좀더 정확하게 알 수 있게 되었다.

면역세포를 활성화하는 사이토카인 가운데 하나

인 인터페론 감마(IFN-γ)와 암 사이의 관계도 드러났다. IFN-γ를 인식하는 항체를 쥐에 주입해 IFN-γ가 기능하지 못하게 해보았다. 그러자 쥐에 이식한 암세포가 증식했고, 돌연변이원을 처리하자 암 발생 비율이 늘었다. IFN-γ 수용체 다음의 신호전달경로는 *STAT1* 유전자다. *STAT1* 유전자가 망가져서 IFN-γ에 의해 면역세포 활성화가 되지 못하게 된 쥐에 돌연변이 유도원을 처리하면 *STAT1*이 정상인 대조군 쥐에 비해서 암 발생 빈도가 10-20배나 높아졌다.[42] IFN-γ에 의한 면역세포 활성화가 암을 억제하는 데 영향을 준다는 것을 보여주었다.

무수히 많은 항원에 결합하는 다양한 항체를 만들 수 있게 하는 핵심 메커니즘인, V(D)J 재조합이 일어나는 데 필요한 DNA를 자르는 단백질의 유전자인 *Rag2* 유전자가 망가진 쥐를 이용한 실험 결과는 종양면역감시 가설에 결정적인 힘을 실어주었다. *Rag2* 유전자가 망가진 쥐는 항체 및 T세포 수용체가 만들어지지 않았고, B세포와 T세포도 만들어지지 않았다. 이는 체액 면역과 세포 매개 면역 모두가 제거된 완전한 면역 결핍

상태가 된 것으로, 이전에 면역기능이 망가졌다고 보고된 누드 마우스나 스키드(severe combined immunodeficiency, SCID) 마우스가 어느 정도 면역기능을 유지하는 것과는 차원이 다른 완벽한 면역 결핍 쥐가 만들어진 것이다.[43] 면역기능에 핵심적인 역할을 하는 *Rag2* 유전자를 제외하고는 완전히 유전적으로 동일한 정상 쥐와 면역결핍 쥐의 비교 실험을 할 수 있게 되었고, 암 발생에 면역기능이 미치는 영향을 다른 왜곡 없이 알아볼 수 있게 되었다.

면역 결핍된 *Rag2* 쥐는 돌연변이원을 처리하자, 암 발생 비율과 자연적인 암 발생 비율 모두 *Rag2*가 정상적인 쥐보다 늘었다.[44] 1950년대에 버넷과 루이스가 제안한 종양면역감시 '가설'은 2000년대에 들어 비로소 '이론'이 되었다.

사이토카인을 이용한 면역세포의 활성화와 이를 이용한 항암 치료 가능성을 확인한 연구, 면역 메커니즘에 대한 상세한 연구 등은 암 억제에 면역시스템이 능동적인 역할을 한다는 증거를 제시했다. 이제 면역계에 대한 기초 연구를 바탕으로 암을 억제하는 항암제 개발로 넘어갈 때가 되었다. 그러나 면역항암제로 들어가기 전에 세포 매개 면역, 즉 몸에서 암세포를 없애는 주체인 T세포가 어떻게 작동하고 조절되는지 알아야 한다. T세포의 메커니즘이 알려지기 시작한 1970년대 초로 다시 되돌아가보자.

T세포 활성화, MHC 수용체, CD28

항원에 특이적으로 반응하여 이 항원을 인식하는 항체를 만드는 B세포 이외에도, T세포가 항원에 특이적으로 반응하여 다른 세포에 영향을 준다는 것은 1970년대부터 알려지기 시작하였다. 특정 병원체에 감염되면 항원전시세포(antigen presenting cell, APC)가 세포 표면에 있는 주 조직적합성 복합체(major histocompatibility complex, MHC)에 항원의 일부를 잘라서 올려놓는다. 세포 안에 외부 병원체에서 유래한 단백질이 있다는 것을 알리는 작업이다. T세포는 이를 인지하여 해당 세포를 죽이거나 (세포독성 T세포), 다른 면역세포를 활성화해(보조 T세포) 항체를 생산하는 등 외부 병원체의 침입을 방어하기 위한 추가적인 면역반응을 유도한다. 하나의 B세포가 특정한 항원에 반응하는 한 종류의 항체를 생산하듯이, 하나의 T세포도 MHC와 결합되어 있는 한 종류의 항원을 특이적으로 인식한다. T세포는 다른 세포 표면에 있는 MHC와 항원을 어떻게 인식할까?

1980년대 초반, T세포 표면에 있는 T세포 수용체(T cell recepter, TCR)라고 알려진 단백질 복합체가 MHC와 항원을 인식한다는 것을 발견했다.[45] TCR을 구성하는 단백질 사슬 중의 하나인 알파 체인은 항체와 비슷한 구조를 가진 면역글로불린 슈퍼패밀리(immunoglobulin superfamily) 단백질이다. 항체가 V(D)J 재조합으로 다양한 항원을 인식할 수 있는 다양한 조합을 가지게 되는 것처럼, 각각 T세포마다 서로 다른 MHC/항원 복합체를 인식할 수 있는 다양한 TCR이 T세포 표면에 있다. 이후에 MHC/항원 복합체를 인식하는 데 TCR

말고도 CD4 및 CD8이라는 수용체가 추가로 필요하며, CD4를 가지는 T세포가 보조 T세포, CD8을 가지는 T세포는 세포독성 T세포를 활성화한다는 것이 알려졌다.

그렇다면 T세포가 항원전시세포에 있는 MHC/항원 복합체를 TCR/CD4-CD8로 인식하는 것만으로 T세포는 활성화될까? 아니면 별도의 장치가 필요할까? T세포가 활성화되는 것을 자물쇠 여는 과정에 비유한다면, 한 가지 메인 자물쇠만 열면 문이 열리는지 보조 잠금장치도 있는지의 문제였다.

1980년대 초반, T세포 연구에 흔히 사용되던 T세포에서 유래한 배양세포주에서는 TCR/CD4-CD8이 MHC/항원 복합체를 인식하는 것만으로 활성화가 가능했다. 그러나 동물에서 바로 채취한 T세포가 활성화되려면 TCR에 의한 MHC/항원의 인식 이외에 추가 신호가 필요하다는 것을 알게 되었다.[46] T세포 활성화에 왜 이런 복잡한 메커니즘이 필요할까? 이는 자가면역반응을 억제하는 면역관용(immune tolerance)과 관계가 있다.

T세포는 외부 바이러스에 감염된 세포나 암세포 이외에 자기 자신을 구성하고 있는 정상 세포를 함부로 공격하지 말아야 한다. 이를 위해 자신의 항원을 인식하는 T세포를 없애야 하는데, 이 작업은 주로 흉선에서 일어난다. 문제는 흉선에서 말초 조직으로 이동한 T세포 가운데 여전히 정상 세포에 있는 항원을 인지하는 T세포가 완전히 제거되지 않고 남아 있다는 점이다. 만약 정상 세포에 있는 항원이 MHC와 결합하고, 이를 인식하는 T세포가 아무런 제약 없이 바로 활성화된다면, 해당 세포를 공격하고 정상 세포는 손상을 입는다. 이러한 사태를 막기 위해서 별도의 보조 안전장치가 필요하다.

아네르기(anergy) 현상도 보고되었다. 아네르기 현상은 외부 병원체에 감염되었을 때, 병원체에서 유래한 항원을 인식하는 면역세포가 있지만, 면역반응이 일어나지 않는 현상이다. T세포가 MHC/항원 복합체를 인식하지만 T세포 활성화가 일어나지 않아 면역반응이 일어나지 않는 것이다. 이는 TCR에 의해서 MHC/항원 복합체를 인식하는 것 이외에 다른 조건이 있어야 T세포가 활성화된다는 것을 뜻한다.

1970년대, 아직 TCR의 실체가 정확히 알려지지 않았지만, T세포 활성화는 항원에 의존하는 신호와 항원에 의존하지 않는 신호 두 가지가 동시에 있어야 한다는 이중신호 가설(two-signal hypothesis)이 제안되었다.[47] 항원에 의존하는 신호는 MHC/항원 복합체를 TCR이 인식해 전달된다는 것이 밝혀졌다. 그렇다면 T세포 활성화의 문을 완전히 여는 데 필요한 보조 열쇠의 실체는 무엇일까?

1980년대 초반, 연구자들은 쥐에 T세포를 항원으로 주입해, T세포를 인식하는 여러 종류의 단일클론항체를 분리했다. 단일클론항체도 특정 단백질의 부분인 에피토프(epitope)를 인식한다. 따라서 분리된 단일클론항체들은 각각 T세포 표면에 있는 여러 단백질을 인식한다. 이 가운데 T세포 표면에 있는 단백질과 결합했을 때, 자연계에 존재하는 활성인자(agonist)와 결합한 것과 비슷한 작용을 유도하기도 했다.[48] 즉 특정 단백질과 결합해 면역세포 안으로 신호를 전달하는 면역세포 표면에 있는 단백질에 항체가 결합하면, 마치 원래의 파트너 단백질과 결합한 것처럼 작용하여 신호가 전달되는 것이다.

예를 들어 TCR의 보조 수용체인 CD3과 결합할 수 있는 어떤 항체는 IL-2와 함께 T세포에 처리하면 T세포를 활성화하기도 했다. 이러한 항체를 이용하면 면역세포 단백질과 상호작용하는 다른 세포를 T세포에 처리하지 않고, 특정한 면역세포 표면 단백질을 활성화하는 항체만을 처리하여 T세포 활성화를 연구할 수 있다. T세포 표면 단백질을 인식하는 항체를 이용해 T세포 활성화에 관련된 여러 단백질을 발견했다. 이 가운데 항체와 결합하면 T세포 활성화를 촉진하는 CD28이라는 단백질을 발견하였는데, 이 단백질은 항체를 구성하는 면역글로불린과 비슷한 구조를 가지고 있었다.[49]

1990년대 초반, 마크 젠킨스(Marc Jenkins, 1955-)와 제임스 앨리슨(James P. Allison, 1948-)은 각각 인간과 쥐 모델에서 CD28이 TCR과 더불어 공동자극인자

(costimulation)로 작용해야만 T세포를 활성화시킬 수 있다는 것을 확인했다.[50] B7-1(CD80)과 B7-2(CD82)라는 두 가지 단백질이 항원전시세포 표면에 있고, 이것이 항원전시세포의 MHC/항체 복합체가 T세포의 TCR-CD3과 결합할 때 CD28과 상호작용하여 T세포를 활성화하는 데 필요한 공동자극인자로 작용하는 것이다. TCR이 T세포의 활성화를 결정하는 주된 자물쇠라면, CD28은 보조 자물쇠이며, 이를 여는 주된 열쇠인 항원-MHC와 보조 열쇠인 B7-1/2와 상호작용해야 비로소 T세포 활성화가 일어나는 것이었다.[51] 복잡해 보이지만 이것은 T세포 제어 메커니즘의 일부에 불과했다.

CTLA-4

1987년, 프랑스 마르세유에 있는 프랑스 국립과학연구소 면역학 센터 연구자들은 세포독성 T세포에서 특이적으로 발현되지만, B세포 등에서는 발현되지 않는 유전자를 찾고 있었다. 그 과정에서 *CTLA-4*(cytotoxic T lymphocyte associate-4)라고 이름이 붙여진 유전자를 찾아냈다.[52]

CTLA-4 유전자는 CD28과 마찬가지로 T세포 표면에 있는 막단백질을 형성하는 유전자다. CTLA-4 단백질도, 항체와 비슷하게 생긴 면역글로불린과 비슷한 부분을 가지고 있었다. CTLA-4도 CD28과 결합해 T세포를 활성화하는 열쇠 역할의 B7-1/B7-2와 결합할 수 있었다.[53] 이런 이유로 처음에 CTLA-4는 CD28처럼 T세포의 보조 자물쇠 역할을 한다고 여겨졌다.

그런데 연구가 진행되면서 CTLA-4가 CD28과 정반대의 기능을 수행한다는 것이 밝혀졌다. CD28은 T세포 활성화 이전에도 T세포 표면에 있지만, CTLA-4는 CD28에 의한 T세포 활성화가 되기 전에는 없었다. 그런데 T세포가 활성화된 이후에 새로 만들어져 T세포 표면에 나타난다. T세포 활성화가 이루어진 다음 T세포 표면에 나타나는 CTLA-4는 CD28과 경쟁하며 B7-1/B7-2와 결합하는데, 이 과정에서 T세포 활성화

신호를 억제해 T세포 증식과 세포분열을 억제한다.[54]

T세포 활성화를 자동차 출발에 비유하자면, TCR에 의해서 MHC/항원 복합체가 인식되는 것은 자동차에 시동을 걸기 위해 열쇠를 돌리는 것이고, CD28에 B7-1/B7-2가 결합하는 것은 엑셀레이터를 밟아서 차를 출발시키는 것이다. CTLA-4에 의해서 T세포의 활성화가 억제되는 것은 브레이크를 밟아 속도를 줄이는 것이라고 할 수 있다.

1995년, CTLA-4가 T세포 억제인자로 기능한다는 것이 증명되었다. *CTLA-4* 유전자를 없앤 쥐에서 T세포가 과도하게 성장해 과다한 자가 면역반응이 일어났고, 생후 3-4주면 쥐가 죽었다. 즉 CTLA-4는 T세포가 함부로 활성화되는 것을 억제하는 면역관문(immune checkpoint) 단백질이었다.

이때까지 연구자들은 T세포가 항원이 전시된 세포를 만나면 어떻게 활성화되어 세포 매개 면역기능을 활성화시키는지를 밝히는 데 집중했다. 그런데 T세포를 활성화시키는 것뿐만 아니라 T세포 활성화를 억제하는 메커니즘이 있다는 것이 밝혀지면서, 연구는 항암 면역 치료와 점점 관련되기 시작했다.

사이토카인의 항암 효과, 종양면역감시 이론 등을 증명하는 과정에서 면역체계가 암을 실제로 억제한다는 여러 증거가 나왔다. 1991년에는 암 환자 유래의 세포독성 T세포가 흑색종(melanoma)에서 특이적으로 만들어지는 단백질을 항원으로 인식할 수 있다는 결과가 보고되기도 했다.[55] 만약 특정한 암세포에서 많이 발현되어 T세포가 인식하는 항원을 환자에게 주입하면, 특정한 암세포를 면역세포가 공격하도록 유도할 수 있지 않을까? 외래 병원균에 대한 면역성을 백신으로 부여하듯, 면역세포가 암을 공격하게 하는 암 백신(cancer vaccine)의 아이디어였다.

그러나 '암세포를 특이적으로 공격하도록 면역시스템을 유도하는 암 백신' 연구는 여러 시도에도 쉽게 성공하지 못했다.[56] 대식세포나 수지상세포처럼 항원전시를 전문으로 하는 항원전시세포와 다르게, 대개의 암세포에서는 CD28과 결합하여 T세포를 활성화하는 단백질인 B7이 만들어지지 않는다. 따라서 암세포 표면에 암 특이적인 항원이 MHC로 전시되더라도 CD28과 상호작용할 B7이 없고, 공동자극인자인 CD28과 상호작용이 일어나지 않아 T세포는 활성화되지 않는다. 열쇠를 돌려 자동차 시동은 걸었으나, 액셀러레이터 페달이 망가져 자동차를 출발시킬 수 없는 상황과 비슷하다. 그런데 거꾸로 생각하면 B7 단백질이 없는 암세포에 인위적으로 B7을 발현시킨다면, 암세포에 대한 면역반응을 일으킬 수 있지 않을까?

1992-1993년 브리스톨-마이어스 스큅(BMS)과 MD 앤더슨 암 센터 연구진은 암세포에서 B7 단백질이 만들어지게 *B7* 유전자를 조작한 암세포를 쥐에 이식했다. B7 단백질이 만들어진 쥐의 암세포 조직은 빠르게 제거되었다.[57] 암세포가 면역반응으로 쉽게 제거되지 않았던 이유가, 암세포에서 공동자극인자와의 상호작용이 일어나지 않아 T세포가 활성화되지 않기 때문일지도 모르는 일이었다.

CD28의 기능을 처음 알아내는 데 참여했던 UCLA

의 제임스 앨리슨은 CTLA-4의 T세포 활성화 억제 기능과 항암 작용과 관계가 있을 것이라는 아이디어를 냈다. '만약 CTLA-4에 의한 T세포 활성화 억제가 일어나지 않는다면 T세포는 좀더 활성화될 것이고, 이는 암을 억제하는 효과를 보여줄 것이다.'

제임스 앨리슨 연구팀은 B7 단백질을 발현하는 암세포를 쥐에 이식하면서 CTLA-4에 결합하여 CTLA-4의 기능을 억제하는 항체(Anti-CTLA-4)를 함께 주입했다. B7 단백질을 발현하는 암세포가 작아진 것은 이전 실험과 결과가 같았다. 그런데 Anti-CTLA-4를 주입하자 암세포가 좀더 빠르게 줄었다. CTLA-4의 기능을 억제해 암 억제 효과를 얻은 것이다. B7 단백질을 발현하지 않은 암세포와 Anti-CTLA-4를 함께 이식한 결과도 살펴보았다. B7 단백질이 발현되지 않은 암세포에서도 항체를 통해 CTLA-4 기능을 억제하면 암 조직은 완전히 사라졌다. 1996년, 『사이언스(*Science*)』에 연구 결과가 발표되었다.[58] T세포 활성화를 억제하는 면역관문 역할을 하는 CTLA-4의 기능을 억제하면, 면역기능이 활성화되면서 항암 효과를 보여준 첫 사례였다.

PD-1

1990년대, 미국에서 CTLA-4가 면역세포의 기능을 억제하는 면역관문(immune checkpoint) 기능을 하는 단백질로 연구되고 있을 때, 태평양 반대편 일본에서는 다른 면역관문 단백질에 대한 연구가 시작되었다. PD-1(programmed death-1)이라는 단백질이다.

교토 대학의 혼조 다스쿠(本庶佑, 1942-)는 1970년대 B세포에서 여러 종류의 항체가 어떻게 만들어지는지에 대한 연구로 세계적인 명성을 얻었다. 그의 연구실에서는 주로 B세포에 대한 연구를 하였으나, 1980년대 말부터는 T세포 연구도 시작했다. 1989년 혼조 다스쿠 연구실에서 연구하던 대학원생 이시다 야스마다(石田靖雅)는, 흉선에서 자신의 항원을 인식하는 T세포가 세포자살(apoptosis) 과정을 거쳐 없어지는 과정에 어떤 유전자가 관여하는지 궁금했다. 혼조 다스쿠는 자신의 연구실에서 집중하던 주제와는 거리가 있어 흥미를 느끼지 못했지만, 꽤 정교한 연구 계획을 가져온 이시다에게 '하고 싶은 연구를 해보라'고 제안했다.

이시다는 T세포 하이브리도마에서 세포자살이 일어날 때 많이 발현되는 유전자를 발견했다. 이 유전자는 세포의 죽음을 의미하는 PD-1(programmed death-1)로 이름이 지어졌다.[59] *PD-1* 유전자의 아미노산 서열은 기존에 알려진 세포자살과 관련된 유전자들과는 관계없는 유전자였다. 특이한 것은 PD-1은 CD28이나 CTLA-4처럼 면역글로불린과 비슷하게 생긴 부분이 있고, 세포 표면에 위치하는 단백질이었다는 점이다. PD-1 단백질의 기능이 무엇인지 밝히는 연구는 더 진행되었다. 그런데 기대와 달리 PD-1 단백질은 세포자살에는 별다른 역할을 하지 않았다.[60]

예상과는 달랐지만 연구는 이어졌다. PD-1은 B세포와 T세포 표면에 위치했다. PD-1의 실제 기능을 알아보기 위해서 *PD-1* 유전자를 망가뜨린 쥐를 만들고,

PD-1 단백질이 없을 때 어떤 일이 일어나는지 관찰했다. *CTLA-4* 유전자가 제거된 쥐는 T세포가 과도하게 증식해 태어난 지 한 달 정도 후에 죽었다. 그런데 *PD-1* 유전자가 망가진 쥐는 겉보기에는 별다른 이상이 없었고, 심지어 건강해 보였다.[61]

오랜 시간과 노력을 들여 *PD-1* 유전자를 쥐에서 제거하고 분석한 연구자 입장에서는 실망했을지도 모른다. 그러나 끈기 있는 연구는 새로운 사실을 알려주었다. PD-1 유전자가 제거된 채 갓 태어난 쥐는 건강해 보였지만, 태어난 지 6개월이 지나 나이를 제법 먹은 *PD-1* 유전자가 제거된 쥐에서는 여러 장기나 조직이 동시에 손상되는 루프스(lupus)나 자가면역성 확장성 심근병증(autoimmune dilated cardiomyopathy) 등의 질병이 나타났다.[62] 이 질병들은 모두 자가면역과 관련이 있다. 자가면역질환에 걸리면 면역시스템이 지나치게 활성화되어 정상 세포를 공격한다. PD-1은 CTLA-4와 마찬가지로 T세포 활성을 조절하는 단백질이었던 것이다. *PD-1* 유전자를 발견하고 7년이 지나 알게 된 사실이었다.

PD-1과 CTLA-4는 모두 T세포의 기능을 억제하지만 차이가 있었다. CTLA-4는 T세포의 CD28이 항원전시세포의 B7 단백질과 결합해 T세포 활성화를 개시한 직후, T세포 활성화 단계에서 활성화를 조절한다. PD-1은 이미 활성화되고 어느 정도 시간이 지난 후의 T세포 활성을 조절한다. PD-1을 발견한 혼조 다스쿠도 자동차 비유를 사용했다. CD28과 CTLA-4는 주차장에서 차를 빼거나 주차할 때 사용하는 엑셀러레이터와 주차 브레이크라면, 이미 활성화된 T세포에서 작동하는 PD-1은 도로에서 달리고 있는 차의 속도를 조절하는 엑셀러레이터와 브레이크다.[63]

CTLA-4가 항원전시세포 표면에 있는 B7 단백질과 결합하는 것처럼, PD-1도 파트너가 있을 것이다. 혼조 다스쿠의 교토 대학 연구팀과 다나파비 연구소 연구팀은 함께 PD-1 단백질의 파트너를 찾았다. PD-1과 CTLA-4 모두 면역글로불린과 비슷한 단백질 구조를 가지고 있다. 이런 이유로 PD-1에 결합하는 파트너도 아마 CTLA-4에 결합하는 B7 단백질과 비슷할 것이라 생각했다.

1990년대 말에는 이미 면역세포에서 발현되는 mRNA 서열들을 분석해 놓은 EST(expression sequence tag)라는 데이터베이스가 어느 정도 구축되어 있었다. 1980년대에는 면역 관련 유전자 하나를 찾으려면 몇 년 이상의 시간이 필요했지만, 1990년대에는 데이터베이스에서 *B7*과 유사한 서열을 가진 유전자를 검색해 후보군을 추리고, 이들이 PD-1과 상호작용하는지 알아내는 방식으로 시간과 노력을 줄일 수 있었다.

공동 연구진은 *B7* 유전자와 어느 정도 유사성을 가진 유전자들을 골라서, 이 유전자들이 세포에서 발현시킨 단백질이 PD-1과 결합하는지, 또 T세포 활성을 억제하는지 확인했다. 이렇게 찾은 단백질이 PD-L1(PD-1 ligand)이었다.[64] 이후 PD-1의 파트너가 하나 더 있다는 것을 알게 되었다. 두 번째로 찾은 단백질은 PD-L2로 이름이 지어졌다.[65]

B7과 PD-L1은 기능적으로 비슷한 일을 하는 것 같

지만 중요한 차이가 있었다. 여러 세포에서의 '분포'였다. B7은 항원전시를 주목적으로 하는 수지상세포 등 면역 관련 세포 표면에 주로 발현한다. 그런데 PD-L1/PD-L2는 면역 관련 세포와 혈관내피세포(vascular endothelial cell), 각질형성세포(keratinocytes), 췌장세포 등에도 있었다. B7이 없는 여러 세포 표면에도 있었다. 면역세포에 있는 PD-1과 다양한 세포에 있는 PD-L1/PD-L2는 상호작용하면서 T세포 활성을 조절하고, T세포가 정상 세포를 함부로 공격하지 못하게 했다.

문제는 각종 암세포에도 PD-L1이 있다는 점이다. 때문에 암세포에 특이적으로 있는 항원을 인지하는 T세포의 암세포 공격도 억제된다. 암세포 표면에 있는 PD-L1과 T세포 표면에 있는 PD-1이 서로 상호작용하여 T세포 활성화를 억제하기 때문이었다. 바이러스 등 병원체에 만성적으로 감염되어 있는 상태에서 세포독성 T세포(CD8 T세포)가 항원전시세포나 암세포로부터 계속 항원 자극을 받아도 T세포가 더 이상 활성화되지 못하는 현상이 일어난다.[66] 이 과정에도 PD-1과 PD-L1

의 상호작용이 결정적인 역할을 했다.[67]

제임스 앨리슨 연구팀은 CTLA-4와 B7의 상호작용을 차단해 면역세포 활성화 억제를 풀어주면 암세포를 제거하는 항암 활성이 나타나는 것을 발견했다. 만약 PD-1과 PD-L1/PD-L2의 상호작용을 억제해 활성화된 T세포가 비활성 상태로 돌아가는 것을 억제하면 비슷한 효과가 나타날까? 아이디어는 2002년 동물실험으로 입증되었다.

혼조 다스쿠 연구실에서 PD-1 연구를 계속하던 대학원생 이와이 요시코(岩井佳子, 1971-)는 PD-L1이 많이 만들어지도록 조작한 암세포를 쥐에 주입하는 실험을 했다. 실험 결과 PD-L1이 많이 만들어지는 암세포는 그렇지 않은 암세포에 비해 빠르게 증식했다. PD-L1로 암세포는 면역 회피를 일으킨 것이다. PD-L1에 대응하는 항체를 같이 주입해 PD-1과 PD-L1의 상호작용을 억제하면 암세포가 빠르게 증식하지 않았다. *PD-1* 유전자가 망가진 쥐에 암세포를 주입하면 암세포는 빠르게 없어졌다.[68] PD-1과 PD-L1의 상호작용 억제로 암을 조절

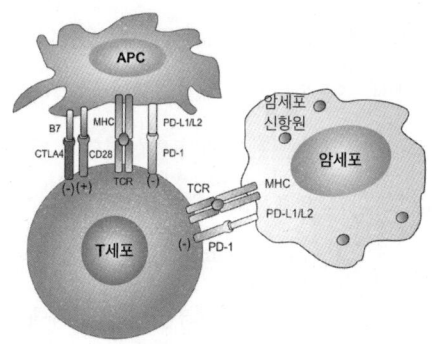

활성화되지 않은 세포독성 T세포

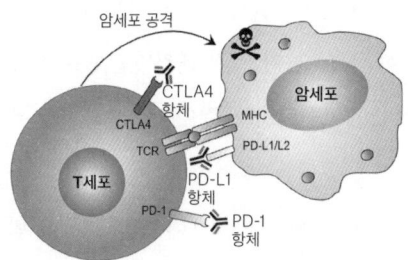

활성화된 세포독성 T세포

PD-1, PD-L1, CTLA-4 단백질에 결합하는 항체는 T세포의 활성을 유지하는 면역관문억제제로 기능한다. 항원전시세포(Antigen Presenting Cell, APC)는 주조직적합성 복합체(Major Histocompatibility Complex, MHC)를 통해 세포 표면에 항원을 전시한다. T세포의 T세포 수용체(T Cell Receptor, TCR)는 APC의 MHC와 항원을 인식해 T세포를 활성화한다. 항원 인식을 통해 활성화된 T세포는 해당 항원을 가진 세포를 공격한다. 그런데 T세포 표면에 있는 PD-1, CTLA-4가 항원을 가진 세포 표면의 PD-L1, B7과 결합하면 T세포의 활성이 억제된다. 이들이 T세포 활성의 브레이크로 작용하는 셈이다. 항체인 면역관문억제제는 PD-1, PD-L1, CTLA-4에 결합해 브레이크를 푼다. 활성이 유지된 T세포는 암세포 표면에 전시된 암 항원을 인식하고 공격한다.

할 수 있다는 것이 동물모델에서 입증된 셈이다.

B7 단백질이 항원전시세포에서만 나타나는 것에 비해, PD-L1이 다양한 세포에서 발현된다는 것은 중요했다. 대부분의 암세포는 B7을 발현하지 않는다. 따라서 CTLA-4를 억제해도 암세포와 반응해 직접 항암 효과를 낼 수 없는 경우가 많다. 최근 연구 결과에 따르면 CTLA-4의 항암 효과는 다른 T세포의 기능을 억제하는 조절 T세포(Treg) 결핍에 의해서 이루어질 가능성이 있어, 정확히 CTLA-4가 어떤 메커니즘으로 항암 효과를 내는지는 2019년 현재 기준으로도 불확실한 부분이 있다.[69]

단 PD-L1은 많은 암세포에 있고, PD-L1 발현 정도가 암 환자의 예후를 예측할 수 있는 마커로 사용될 수 있음을 생각하면, PD-1/PD-L1의 상호작용을 억제해 암세포에 의한 T세포 불활성화를 막고, 암세포를 공격하는 T세포 활성을 유지할 수 있을 것으로 생각되었다. 물론 실제 암 환자에게 유효한 항암 치료 수단이 될지는 아직 모르는 일이었다.[70]

항체

1990년대 말, CTLA-4를 억제하는 항체가 암을 억제한다는 것을 동물실험에서 확인한 제임스 앨리슨은 사람에게 이를 적용해보려고 대형 제약기업들과 접촉했다. 제임스 앨리슨의 기대와 달리 대형 제약기업들의 반응은 미지근했다. 아마도 1990년대까지 진행된 여러 면역항암요법들이 뚜렷한 성과를 보여주지 못해, 면역기능 조절로 암을 치료한다는 시도 자체에 관심이 낮아진 분위기의 탓이었을 것이다.

그러나 규모가 작은 바이오테크였던 넥스타 파마슈티컬(NeXstar Pharmaceutical)의 면역학자 알란 코만(Alan Korman)은 앨리슨의 결과에 흥미를 느꼈다. 1998년, 넥스타 파마슈티컬은 제임스 앨리슨이 UC버클리에서 출원한 CTLA-4 억제 기술을 이전받아 연구를 시작했다.[71] 메다렉스(Medarex)가 면역항암제 개발에 관여하기 시작한 것도 이 시점이다.

1987년, 다트머스 대학 의대 출신 면역학자들은

메다렉스를 창업했다. 1997년, 메다렉스는 젠팜(Gen-Pharm)을 합병해 다른 치료용 항체 개발 바이오테크에 비해 앞서나갈 수 있는 좋은 기술을 확보했다. 젠팜에는 사람 면역글로불린 유전자를 가진 쥐에서 사람의 단일클론항체를 발굴할 수 있는 플랫폼(platform) 기술이 있었다.[72] 사람은 쥐의 단일클론항체를 외래 물질로 인식해 무력화하는 항체를 형성하므로, 사람에게 치료제로 사용되려면 이 문제를 풀어야 한다. 허셉틴®의 경우, 쥐에서 처음 발견된 단일클론항체에서 항원을 인식하는 부분만을 인간 항체에 이식하는 항체 인간화(antibody humanization) 기술을 이용했다. 문제는 쥐를 면역화해 쥐의 하이브리도마에서 해당 항원을 인식하는 항체를 만드는 하이브리도마를 찾고, 항체 유전자에서 항원을 인식하는 부위만을 인간 항체에 이식해, 다시 이를 최적화하는 여러 단계를 거쳐야 한다는 점이다. 인간화된 항체를 얻으려면 시간이 오래 걸렸다.

메다렉스의 기술은 인간 항체 유전자를 가진 쥐에서 쥐 유래 단일클론항체를 찾는 것과 같은 방법으로 하이브리도마를 만들고, 원하는 항원을 인식하는 하이브리도마를 찾는 기술이었다. 쥐 항체 대신 인간 항체 유전자가 쥐에 들어 있으므로, 하이브리도마에서 만들어지는 항체는 인간 항체가 되는 것이다. 시간이 오래 걸리는 항체 인간화 과정을 거치지 않고, 쥐에서 하이브리도마를 찾는 것만으로도 인간 항체를 얻을 수 있었기에, 곧바로 치료제로 사용할 수 있는 인간화 항체를 빠르게 얻을 수 있었다.

메다렉스가 젠팜을 인수하면서 젠팜의 창립자이자 핵심 기술을 개발한 닐스 론버그(Nils Lonberg)도 메다렉스에서 일하게 되었다. CTLA-4에 관심을 가졌던 알란 코먼도 메다렉스로 옮겨왔다. 메다렉스는 CTLA-4 관련 기술을 제임스 앨리슨에게 이전받아 CTLA-4 억제 항체 개발을 시도했다.

메다렉스는 인간 항체 유진자를 가진 형질전환 쥐를 이용하여 CTLA-4를 인식하는 인간 항체를 비교적 빠르게 개발할 수 있었다. 인간 CTLA-4 유전자로 세포 표면에 발현하는 쥐의 T세포 하이브리도마를 만들고,

이를 항원으로 인간 항체 유전자를 가진 형질전환 쥐를 면역화하여 CTLA-4를 인식하는 항체를 발굴한 것이다.[73] 이 항체에는 MDX-010이라는 이름이 붙여졌다.

원숭이를 대상으로 한 실험에서 MDX-010의 안전성을 확인했고, 면역반응을 촉진하는 것도 확인했다.[74] 메다렉스가 이 플랫폼 기술로 CTLA-4를 인식하는 항체를 생산하는 하이브리도마를 찾은 다음, 사람을 대상으로 한 임상1상을 시작하기까지는 1년 반 정도밖에 걸리지 않았다. 개발 속도는 매우 빨랐다.

2002년, 혼조 다스쿠는 개인적으로 인연이 있던 오노약품과 함께 PD-1을 저해하는 면역항암요법에 대한 원천 특허를 출원했다.[75] 혼조 다스쿠는 PD-1을 타깃으로 하는 면역항암요법으로 실제 암 치료를 할 수 있는 인간/인간화 항체 개발도 추진하기를 원했다. 그러나 항체의약품, 지금까지 시도되지 않았던 면역항암요법의 검증되지 않은 타깃을 대상으로 하는 의약품 개발에 일본 제약기업들은 대부분 회의적이었다. 심지어 함께 특허를 출원한 오노약품도 개발에 적극적이지 않았다.

이런 와중에 혼조 다스쿠와 오노약품이 공동출원한 미국 특허가 공개되었다. 공개 특허의 내용을 확인한 메다렉스는 공동 개발을 제의했다. PD-1에 대한 항체 역시 CTLA-4에 대한 항체와 마찬가지로 메다렉스의 형질전환 쥐를 이용한 플랫폼으로 빠르게 찾을 수 있었다.

PD-1을 특이적으로 인식하는 항체(MDX-1106)를 찾았고, PD-1과 결합하는 PD-L1 항체도 함께 찾았다.

임상시험

2000년대 초, 메다렉스는 UC샌프란시코, 미국 국립보건원(NIH) 등과 함께 Anti-CTLA-4 항체 이필리무맙(ipilimumab)의 파일럿 수준 임상1상을 시작한다. 이필리무맙 임상시험이 시작할 당시의 궁금증은, 면역관문 기능을 억제했을 때 나타날 것으로 예상되는 면역 억제 부작용의 정도였다.

CTLA-4가 제거된 쥐가 T세포의 과다 활성화로 태

어난 지 몇 주 안에 죽은 것, PD-1이 제거된 쥐에서 루푸스 등의 자가면역질환이 나타났던 것을 생각하면 면역관문억제제로 인한 부작용은 충분히 예상할 수 있었다.[76] 문제는 어떻게 부작용을 최소화하면서 항암 효과를 얻을 것인지, 이를 위한 적당한 투여 용량이 어느 정도인지였다.

첫 임상시험은 UC샌프란시스코에서였다. 전립선암 환자 14명에게 3mg/kg 용량으로 투여가 시작되었다. 이 가운데 2명에게서 전립선 특이적 항원(prostate specific antigen, PSA)의 양이 줄어들었다.[77] NIH에서도 임상시험이 진행되었다. 전이성 흑색종 환자를 대상으로 진행한 임상시험에서, 참여자의 약 10~20% 정도에게 암 억제 효과가 나타났다.[78] 예상대로 면역관문 억제로 인한 과다 면역반응은 여러 부작용을 일으켰다. 주요 부작용은 피부염(dermatitis), 장염(enterocolitis), 뇌하수체염(hypophysitis) 등이었다.

2004년, 임상2상으로 진입하면서 임상 규모가 커졌다. 바이오테크들의 일반적인 바이오 의약품의 임상 개발 과정처럼 메다렉스는 글로벌 제약기업인 브리스톨-마이어스 스큅(BMS)과 협력하여 이필리무맙의 임상2상을 진행했다. 그런데 임상시험에 들어서자 부작용보다 더 큰 문제가 나타났다. CTLA-4 항체치료제가 기존 항암제와는 다른 특성을 보였던 것이다.

그동안 항암제의 효능은 약물 투여 후 일정 시간이 지났을 때 종양 크기가 얼마나 작아졌는지를 기준으로 평가했다. 항암제를 평가할 때 객관적인 기준이 있어야 한다. 정해진 치료 기간 후 환자에게 암이 검출되지 않는 경우는 완전반응(complete response), 특정한 수치 이상(보통 50% 미만)으로 종양의 부피나 수가 줄어들 경우에는 부분반응(partial response)을 일으켰다고 정의한다. 미리 정해진 기간 동안 완전반응 혹은 부분반응을 일으킨 환자의 비율을 따져 객관적 반응률(objective response rate)로 수치화하고, 이 수치로 치료법의 효과를 비교한다. 즉 암의 크기가 작아지는 비율인 반응률(response rate, RR)과, 사전에 정의된 최소한의 기간 동안 사전에 정의된 양 이상의 종양 감소를 보이는 환자의 비율을 뜻하는 객관적 반응률(objective response rate, ORR) 등의 수치가 당시 항암제 효능 평가 기준이었다. 항암제를 투여받기 시작한 후 일정 기간 동안 얼마나 종양이 줄어들었는지로 항암제의 효과를 판별하는 것이다.

그런데 면역관문을 억제하는 CTLA-4 항체 치료제는 투약 초반에 종양의 크기가 줄어들지 않았고 오히려 종양이 커지기도 했다. 기존 항암제 평가 기준을 CTLA-4 항체 치료제에 적용하면 특별한 항암 효과가 없는 셈이었다. BMS와 비슷한 때 다른 CTLA-4 항체인 트레멜리무맙(tremelimumab) 임상시험을 시작했던 화이자는 임상3상 중간 단계에서 실패를 선언하고 개발을 중단했다.

그러나 면역관문을 억제하는 항체의약품은 '치료 시작 후 정해진 기간 동안 얼마나 많은 환자가 생존해 있는지의 비율인 전체 생존율(overall survival)'을 기준으로 하면 기존 치료 방법보다 효과가 좋았다. 기존 항암제처럼 종양의 크기가 급격하게 줄어드는 효과는 없지만, 환자의 생존 기간을 늘리는 것이었다. 이에 따라 면역항암제의 효능을 평가하는 새로운 기준인 면역 관련 반응 기준(immune-related response criteria, irRC)이 제안되기도 했다.[79]

irRC에서는 개별 종양의 크기의 변화가 아닌, 전체 종양의 양을 보는 종양 부담(tumour burden)이라는 개념을 항암 효과의 평가 기준으로 정의했다. 기존 항암 치료제와 다른, 면역관문억제제만의 특성을 반영한 개념이었다. 면역관문억제제를 투여받은 환자에게서는 종양의 크기가 일시적으로 커졌다 작아지는 경우가 있었다. 화학 치료제처럼 종양 세포를 죽이는 치료법에서는 약물을 처리함과 동시에 종양 세포가 죽고, 종양의 크기도 줄어든다. 그러나 면역항암 치료에서는 세포독성 T세포처럼 종양 세포를 사멸시키는 세포가 종양 조직에 침투하면서 일시적으로 종양의 크기가 커져 보이는 가짜 진행(pseudoprogression) 현상이 나타나기도 한다. 이런 경우를 고려해 첫 종양 진행을 측정한 후 4주 연속으로 측정한 결과를 기준으로, 치료제의 효과를 평가하게 했다.

이렇게 기존 항암 치료제와 특징이 매우 다른 면역관문억제 치료제의 효능 평가에는 어려움이 있었다. 그럼에도 이필리무맙 임상시험은 차근차근 진행되었다. 2009년, 메다렉스는 이필리무맙의 임상개발 파트너였던 BMS에 24억 달러로 인수되었고, 이필리무맙의 개발과 판매는 BMS가 담당하기로 했다.

2010년, 다나파버 암 연구소(Dana-Farber Cancer Institute) 등 125개의 기관이 참여한 대규모 임상3상 결과가 미국 임상종양학회(American Society of Clinical Oncology, ASCO)에서 처음으로 공개되었고, 『뉴잉글랜드 의학 저널(*New England Journal of Medicine*)』에 논문으로 발표되었다.[80] 내용은 놀라웠다. 말기 흑색종 환자를 세 그룹으로 나누어 임상3상이 진행되었다. 각 그룹은 펩타이드 백신인 gp100 투여군 136명, 이필리무맙 투여군 137명, 이필리무맙과 gp100 병용투여군 403명으로 구성되었다. 임상시험 결과 펩타이드 백신만 투여한 환자의 생존 기간 중간값은 6.5개월, 이필리무맙만 투여한 환자의 생존 기간 중간값은 10.1개월, 펩타이드 백신과 이필리무맙을 함께 투여한 환자는 10.0개월이었다. 이필리무맙을 투여한 환자는 2년 후 24%의 생존율을 보였으나, 이필리무맙을 투여하지 않은 환자의 2년 후 생존율은 11%였다. 펩타이드 백신은 추가적인 이득이 없었지만, 이필리무맙을 투여한 환자는 그렇지 않은 환자에 비해서 통계적으로 의미 있는 효과가 있었다.

이 임상시험이 성공했다고 평가할 수 있었던 이유는, 효능 비교 평가의 기준을 바꾸었기 때문이었다. 만약 기존의 항암제에서 적용하던 객관적 반응률을 적용했다면, 임상시험은 실패한 것으로 분류되었을 것이다. 기존 항암제와 전혀 다른 메커니즘을 가진 신약을 개발하려면, 신약의 효과를 판단하는 기준도 새로워져야 할 필요가 있다는 점을 보여주었다.

2011년, 임상3상 결과를 바탕으로 미국 FDA는 BMS의 anti-CTLA4 항체인 이필리무맙을 흑색종 치료제로 사용할 수 있게 허가했다. 최초의 면역관문억제제인 여보이®(Yervoy®)가 탄생했다.

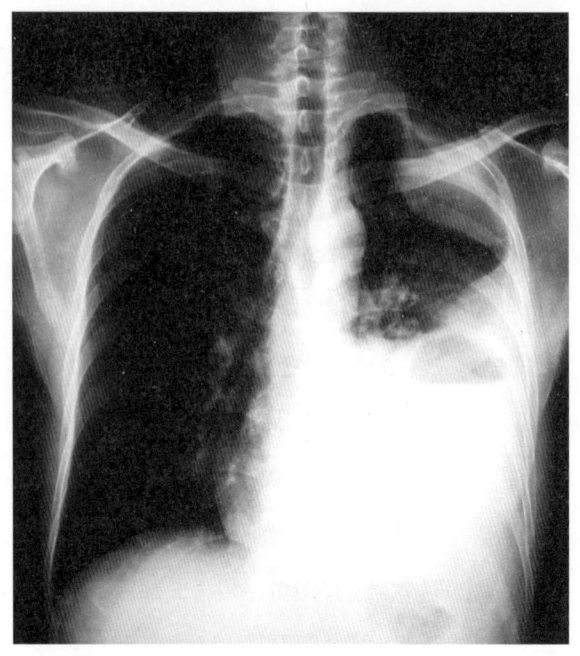

면역관문억제제에 잘 반응하는 것으로 알려진 비소세포폐암(왼쪽), 흑색종(오른쪽). 왼쪽 사진은 비소세포폐암으로 폐 삼출액이 왼쪽 폐에 가득 찬 흉부 엑스레이 사진이다. 오른쪽 사진은 색소침착으로 검은색이 도는 흑색종이 발바닥에 생긴 사진이다.

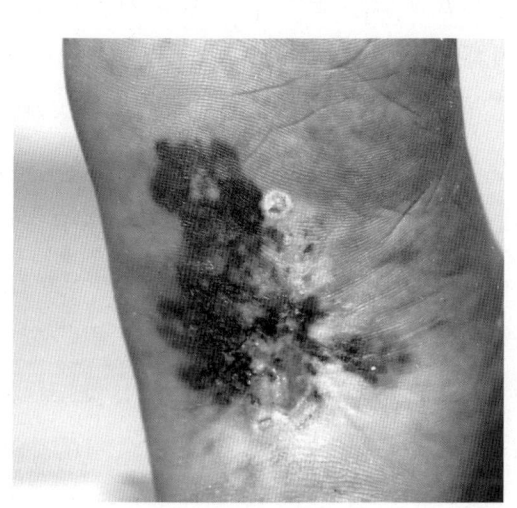

경쟁

2000년대 초, 메다렉스는 CTLA-4 항체를 개발할 때와 같은 방법인, 형질전환 쥐 플랫폼을 이용해 PD-1 단백질에 대한 항체인 니볼루맙(nivolumab)과 PD-L1 단백질에 대한 항체인 MDX-1105를 찾았다. 그러나 비교적 규모가 작았던 메다렉스가 이필리무맙과 니볼루맙을 임상 개발을 동시에 진행하는 것이 쉽지 않았다. 면역관문억제제라는 새로운 항암제를, 그것도 두 가지 종류의 타깃을 공략하는 것은 메다렉스 정도의 규모를 가진 기업에게 부담이었다. 연구진은 경영진을 설득했고, 결국 두 가지 종류의 항체를 동시에 개발하는 것으로 방향을 잡았다. 메다렉스에서 CTLA-4와 PD-1 항체 개발의 중심에 있었던 닐스 론버그와 알란 코먼은 CTLA-4와 PD-1 임상 개발을 동시에 추진해야 한다고 설득하기 위해 다음 논리를 주장했다고 한다.[81]

- 이필리무맙 개발 과정에서 풍부한 경험을 쌓은

임상 연구자 네트워크를 PD-1 항체 임상 개발에 활용할 수 있다.
- CTLA-4와 PD-1은 서로 다른 메커니즘으로 면역세포를 활성화하며, PD-1은 비임상 연구와 동물모델 연구에서 부작용이 덜 할 것으로 예상되므로 좀더 나은 타깃이 될 가능성이 있다.
- 암 시료에서 PD-1 리간드가 과발현되는 것이 관찰되었다.[82] 실제 항암 면역치료의 타깃으로 PD-1이 좀더 의미 있을 수 있다.
- 동물실험에서 CTLA-4와 PD-1의 동시 억제가 각각의 약물을 따로 투여하는 것보다 좀더 높은 항암 활성을 보였다.[83] 사람을 대상으로 한 임상시험에서도 두 가지 약물을 동시에 투여하여 시너지 효과를 볼 수 있을 것이다.

그러나 PD-1 항체 임상시험을 시작하려면 넘어야 할 산이 많았다. 예를 들어 다른 면역제어 단백질을 제어해 면역항암 치료를 하려는 임상시험에서 생긴 심각한 문제의 영향도 있었다. 2000년대 초, T세포의 공동자극인자인 CD28에 결합하여 T세포를 활성화시키는 항체가 발견되었고, 이 항체를 이용하면 항암 효과를 얻을 수 있지 않을까 하는 아이디어가 제시되었다. 이에 CD28에 결합하여 면역세포를 활성화시키는 TGN1412라는 항체가 개발되었고, 2006년에는 임상1상도 시작되었다. 그런데 TGN1412를 투여받은 환자 6명에게 생명이 위험할 정도의 장기파열이 일어나는 등 심한 부작용을 발생했고 임상시험도 중단되었다.[84] 항체를 이용한 면역항암 치료에서 실패 사례가 나오자, PD-1을 저해하는 항체가 예상치 못한 부작용 없이 무사히 임상시험을 통과할 수 있을지 걱정하는 시선이 생겼다.

불안감이 반영된 탓인지 이필리무맙은 투여하는 양을 점진적으로 늘리지 않고 곧바로 3mg/kg 용량으로 시작했지만, 니볼루맙은 0.3mg/kg에서 시작해 1mg/kg, 3mg/kg, 10mg/kg로 점차 투여량을 늘리는 비교적 보수적인 임상시험으로 디자인되었다.[85] 니볼루맙 임상1상은 흑색종, 전립선암, 비소세포폐암 등 세 종류 고형암 환자 39명을 대상으로 진행되었고, 2010년 미국 임상종양학회(American Society of Clinical Oncology, ASCO)에서 발표되었다. 니볼루맙은 세 가지 암종에 대해서 각각 41%, 31%, 22%의 반응률을 보였다. 또한 CTLA-4 항체에 비해서 상대적으로 낮은 부작용이 나타났다. 임상시험 결과는 긍정적이었고, PD-1은 유효한 면역관문억제제 타깃으로 인정받기 시작했다.

키트루다®

PD-1 단백질을 억제하면 항암 효과가 있다는 메다렉스와 BMS의 임상 결과가 확인되자, PD-1/PD-L1을 타깃으로 하는 면역관문억제제 개발에 여러 제약기업이 뛰어들었다. 2006년, 오르가논(Organon)이라는 바이오테크가 개발한 PD-1 인간화 항체는 M&A로 쉐링-프라우(Schering-Plough)를 거쳐 머크(Merck)로 판권이 넘어갔다. 사실 BMS의 니볼루맙 임상1상 결과가 나오기 전까지 머크는 적극적이지 않았다. 그러나 BMS의 임상1상 결과가 발표되자 머크는 태도를 바꾸었다. 확보하고 있던 PD-1 항체 펨브롤리주맙(pembrolizumab)의 임상 개발에 뛰어들었다.[86] 2010년에는 FDA에 임상시험 계획 승인(IND)도 신청했다.

경쟁자들보다 몇 년 늦게 PD-1 억제 항체 개발에 뛰어든 머크는 BMS를 따라잡으려 새로운 시도를 한다. 머크는 임상1상에 전례 없이 많은 1,235명의 흑색종과 비소세포폐암 환자를 모집했다.[87] 이는 당시까지 진행된 종양학 분야 임상1상 가운데 가장 큰 규모였다.

머크는 FDA의 '혁신 치료제 지정'(Breakthrough Therapy Designation)이라는 새로운 제도도 활용했다. 혁신 치료제 지정은 치명적인 위험성을 지닌 질병을 치료하기 위해, 예비 단계 임상시험에서 기존 치료제에 비해 뚜렷한 이점이 입증된 신약후보물질을 대상으로 빠른 개발과 심사를 돕는 제도다. 2012년에 제정된 'FDA 안전성 혁신법'(FDASIA)을 바탕으로 한 제도로, 머크는 이를 활용해 개발 기간을 줄이려 했다.[88] 머크는 2013

년 1월 전이성 흑색종을 치료하는 치료 물질로 펨브롤리주맙의 혁신 치료제 지정을 받았다. 2014년 9월에는 이필리무맙으로 치료받은 전이성 흑색종 환자를 대상으로 한 PD-1 항체 치료제로 승인받았다. 치료제의 이름은 키트루다®(keytruda®)였다. 같은 질병을 대상으로 승인을 받은 BMS의 PD-1 항체인 니볼루맙이 옵디보®(opdivo®)라는 이름으로 판매 승인을 받은 것보다 3개월 빨랐다.

확장

2014년, 흑색종 치료에 면역관문억제제 사용이 승인된 이후 면역관문억제제를 다른 암 치료에도 적용하려는 시도가 시작되었다. 니볼루맙을 이용한 임상1상 연구에서 흑색종 환자 중 28%(94명 중 26명), 신장암 환자 중 27%(33명 중 9명), 비소세포폐암 환자 중에서 18%(76명 중 14명)에게서 반응률이 나타났다.[89] 펨브롤리주맙 임상시험에 참여한 비소세포폐암 환자 가운데는 약 19%의 환자에게서 반응이 나타났다.[90] 이런 임상1상 결과에 힘입어 면역관문억제제를 기존 비소세포폐암 1차 치료제인 도세탁셀(docetaxel)과 비교하는 임상3상 연구가 진행되었다.

2015년, 『뉴잉글랜드 의학 저널(New England Journal of Medicine)』에 두 편의 논문이 발표되었다. 말기 비소세포폐암 환자를 대상으로 한 임상시험에서 니볼루맙이 화학치료에 비해 전체 생존 기간과 1년 생존 기간에서 뚜렷한 이점을 보여주었다. 2015년 10월, 니볼루맙을 성분으로 하는 옵디보®는 화학요법으로 진행되는 1차 치료 이후에도 암이 진전된 환자를 대상으로 하는 치료제로 허가받았다. 비슷한 시기에 키트루다®도 화학요법 이후에 사용할 수 있는 치료제로 승인받았다.

면역관문억제제가 말기 비소세포폐암 환자에서 효과를 보이자, 면역관문억제제가 비소세포폐암 환자 치료에 우선적으로 사용되는 1차 치료제가 될 수도 있지 않을까 하는 기대도 나타났다. 만약 1차 치료제가 된다면 환자 입장에서는 뛰어난 치료 효과를 보여주는 면역관문억제제를 초기 암 치료에 바로 사용할 수 있을 것이다. 제약기업 입장에서는 면역관문억제제가 화학요법 이후에 효과를 보지 못한 환자에게 한정해서 처방되는 것보다 좀더 많은 환자에게 공급해 시장을 키울 기회가 될 것이다. 단 면역관문억제제가 비소세포폐암 환자 대상 1차 치료제로 사용되려면 기존에 1차 치료제에 비해 더 나은 효능을 보여주어야 했다. 물론 투여받은 환자 가운데 20% 미만의 환자에게서만 반응을 보이는 면역관문억제제의 원래 반응률을 높이는 것도 필요했다.

바이오마커

글리벡® 같은 표적항암제나 허셉틴® 등의 항체의약품은 대개 특정한 유전적 손상이 있는 환자에게만 작용한다. 글리벡®으로 치료 효과를 보려면 환자에게 BCR/ABL 융합 단백질이 있어야 한다. 따라서 환자에게

BCR/ABL 단백질이 있는지 미리 확인한 이후에 치료제를 처방할 필요가 있다. 이렇게 BCR/ABL 단백질 유무는 치료제 처방을 위한 '바이오마커'가 된다. 허셉틴®은 *HER2* 유전자의 증폭/과발현을 바이오마커로 삼는다.

면역관문억제제는 전체 환자 가운데 약 20% 내외의 환자에게는 잘 반응하지만, 나머지 환자에게는 잘 반응하지 않는다. 면역관문억제제도 어떤 환자에게 치료효과를 낼 수 있을지 미리 알 수 있다면, 즉 면역관문억제제의 효능을 미리 확인할 바이오마커를 찾아낸다면 1회 투여에 600만 원, 1년 치료에 1억 원 이상이 필요한 고가의 면역관문억제제를 약효를 볼 수 있는 환자에게만 효율적으로 사용할 수 있을 것이다.

PD-1이 항암면역 치료의 타깃으로 사용될 수 있다는 것이 알려진 이후, 많은 암세포에서 PD-1의 파트너인 PD-L1이 과발현된다는 것은 발견했다. PD-L1이 암세포에서 많이 발현된 환자는 그렇지 않은 환자에 비해 PD-1 억제제에 좀더 잘 반응하지 않을까? BMS에서 니볼루맙으로 진행한 임상3상(CHECKPOINT-057)은 면역관문억제제의 바이오마커를 찾는 시험이었다. 임상시험의 설계는 다음과 같았다.

환자의 암 조직에서 PD-L1이 과발현되는 정도를 전체 암세포의 1%, 5%, 10% 정도에서 PD-L1이 발현되는지 구분했다. 그리고 각 그룹에서 니볼루맙의 효과를 비교하였다. 이 임상시험에서 PD-L1이 많이 발현되는 환자에게 니볼루맙이 유효하게 작용한다는 가설을 확인하지는 못했다. PD-L1 발현 수준과 반응률 사이의 유의미한 차이가 나오지 않았기 때문이다.[91]

머크도 바이오마커를 찾는 임상시험을 진행했다. (BMS의 니볼루맙 임상시험에서는 PD-L1 발현이 검출되지 않은 환자도 등록이 가능했지만) 펨브롤리주맙 임상3상은 암세포 가운데 PD-L1 발현이 1% 이상인 환자만을 대상으로 했다. 암세포 가운데 PD-L1이 50% 이상 발현되는 환자와 전체 환자를 구분해 보았을 때, 펨브롤리주맙은 PD-L1이 암세포에서 50% 이상 발현된 환자군에서 좀더 확실하게 반응했다.[92] PD-L1 발현 여부를 바이오마커로 삼아 임상시험 대상자를 선별하는 머크의 전략은 의미 있었다. 비소세포폐암 1차 치료제로 펨브롤리주맙이 니볼루맙보다 빠르게 승인받는 데 이 임상시험 결과가 결정적으로 작용했기 때문이다.

머크의 임상시험(KEYNOTE-24)에서는 전에 치료를 받지 않았던 비소세포폐암 환자를 대상으로 했는데, 50% 이상의 암세포에서 PD-L1이 발현된 환자를 대상으로 펨브롤리주맙과 백금계 화학요법제의 효과를 비교했다. 이 조건을 충족하는 환자는 임상시험에 참여한 환자의 약 30% 정도였다. 임상시험 결과 PD-L1이 많이 발현되는 환자에게 펨브롤리주맙이 화학요법제과 비교해 1차 치료제로 유효했다.[93] 2016년, 펨브롤리주맙을 성분으로 하는 키트루다®는 암세포 가운데 50% 이상에서 PD-L1이 검출되는 비소세포폐암 환자에게 1차 치료제로 사용될 수 있는 허가를 받았다.

머크는 PD-L1이 많이 발현된 소수의 환자에게서 효과를 관찰했지만, BMS는 좀더 많은 환자를 대상으로 사용하기를 원했다. BMS는 임상시험(CheckMate-026)에서 상대적으로 폭넓은 환자를 대상으로 니볼루맙 치료제의 사용 가능성을 확인하려 했다. 암세포 가운데 PD-L1이 5% 이상 발현된 환자로 임상시험 대상으로 정했다. BMS는 니볼루맙 임상시험에서 대조군인 화학요법제에 비해 무진행 생존 기간(progressive-free survival, PFS)을 개선하는 데 실패했고, 비소세포폐암 1차 치료제 승인도 받지 못했다.

두 약물은 같은 타깃에 작용하는 메커니즘도 거의 비슷했지만, 바이오마커의 기준을 세우고 임상시험 대상을 선정하는 것에 따라 1차 치료제가 되느냐 되지 못하느냐의 운명이 갈렸다. 이후 면역관문억제제를 처방할 환자를 선별할 때 암세포에서 PD-L1이 얼마나 많이 발현되는지는 치료 대상을 선별하는 중요한 정보로 자리 잡았다. 그러나 PD-L1은 유방암 환자의 *HER2* 유전자 발현이나 만성 골수성 백혈병 환자의 *BCR/ABL* 융합 유전자처럼 약효를 예측하는 확실한 바이오마커로 보기 어려웠다. PD-1 항체의 효과를 좀더 정확히 예측할 바이오마커가 필요했다.

종양변이부담

2019년 현재까지 면역관문억제제가 가장 잘 반응하는 암종은 흑색종과 비소세포폐암이다. 흑색종은 자외선 노출, 비소세포폐암은 흡연처럼 외부 요인에 의한 체세포 돌연변이가 암을 일으키는 데 크게 작용한다고 알려져 있다. 그렇다면 체세포 돌연변이가 주요 원인인 이들 암에서, 면역관문억제제의 효과와 돌연변이의 정도 사이에는 관계가 있을까? 체세포 돌연변이의 발생 빈도를 바이오마커로 삼아도 될까?

2015년, 슬로언-캐터링 암 센터를 비롯한 키트루다®임상 연구에 참여한 기관들은 면역관문억제제와 암세포에서 발생하는 체세포 돌연변이와의 관계를 조사했다. 정상 세포에서 만들어지지 않는 암 특이적인 신생항원(neoantigen)이 체세포 돌연변이로 인해 많이 생길수록, 암세포를 공격하는 면역세포가 더 활발히 작용할 수 있을 것이라는 가설이었다.

이들은 키트루다®에 반응하는 비소세포폐암 환자

의 암 조직과 키트루다®에 반응하지 않는 암 조직 유래 DNA에서 단백질을 암호화하는 염기서열을 결정해 돌연변이 정도를 조사했다.[94] 키트루다®에 치료 효과를 보이는 환자는 평균적으로 약 302개 정도의 단백질 아미노산을 바꾸는 돌연변이가 일어났고, 치료 효과를 보이지 않는 환자에게는 평균 148개의 돌연변이가 일어났다. 체세포 돌연변이가 많이 일어나는 환자일수록 PD-1 항체에 대한 반응이 높았다.[95]

연구는 계속되었다. 여러 종류 암에서 PD-1 항체에 대한 반응률과 돌연변이 정도 사이에 상관 관계가 있다는 점이 밝혀졌다.[96] 돌연변이를 정량화한 수치는 종양변이부담(tumor mutation burdern, TMB; 암 조직의 시퀀싱 결과에서 1백만 염기서열마다 관찰되는 돌연변이 수)이라는 바이오마커로 활용될 수 있었다. 돌연변이가 암 조직에 발생한 정도를 정량화하면, PD-1 항체의 치료 효과를 가늠할 수도 있을 것이다.

종양변이부담 마커는 개인화된 암 치료(personalized cancer treatments)와 흐름을 같이한다. 2000년대 중반이 되면서 기술의 발전으로 개인의 지놈 서열 전체를 결정하는 데 약 100만 원 정도의 비용이면 충분해졌다. 나아가 차세대 시퀀싱 기술(next generation sequencing)은 2010년대 중반에 현실화되었다. 환자 개인의 암 조직 유전자 서열을 모두 분석하고, 환자에게 특이적인 암을 유발하는 돌연변이를 찾아내, 특화된 표적치료제를 사용한다는 것이 개인화된 암 치료의 비전이었다.

그러나 개인화된 암 치료는 몇 개의 검증된 돌연변이를 검출하는 수준 이상으로 가기 힘들었다. 암은 그 자체로 매우 복잡하다. *HER-2* 유전자 과발현으로 나타나는 특정 유방암이나 필라델피아 염색체가 일으키는 만성 골수성 백혈병은 한두 가지 유전자 이상에 의해서 결정된다. 이런 암은 *HER-2* 유전자의 여러 카피 이상 증폭이나, *BCR/ABL* 유전자의 융합처럼 특정한 유전 변화를 검출해 변형된 단백질의 활성을 억제하는 특정한 약물을 투여해 치료할 수 있었다.

문제는 이런 경우가 매우 드물다는 점이다. 대부

분 암은 한꺼번에 많은 유전적 변화가 일어나고, 한 명의 환자에게 유래한 암 조직에서 발견되는 암세포들도 저마다 다른 유전변이를 가진다. 암 환자에서 발생한 유전적인 변화를 모두 다 알아낸다고 해도, 대응하는 약물이 없는 경우가 많다. 운이 좋아 돌연변이로 변형된 단백질을 억제하는 약물을 찾아도, 암 조직을 구성하는 암세포들은 서로 다른 유전적 조성을 가지므로 해당 약물에 손상받지 않는 다른 유전적 조성을 가진 세포가 증식한다. 이렇게 되면 암 조직의 성격이 변해버려 어렵게 찾은 약물의 치료 효과를 기대하기 힘들다. 개인화된 암 치료는 이상적인 상황을 가정한 치료법이었고, 현실에 적용하기에는 한계가 많았다.

그럼에도 처음 제안된 '유전체 분석에 의한 개인화 암 치료'와는 약간 다르지만, 종양변이부담이라는 개념은 개인화된 암 치료를 좀더 현실에 가깝게 만들고 있다. 종양변이부담 측정은 특정 유전자에 대한 특이적인 돌연변이를 찾기보다는, 전체적으로 해당 암 조직에 유전적 변형이 어느 정도인지 수치만을 측정한다. 개별적인 돌연변이를 찾아서 여기에 대응하는 표적항암제를 사용한다는 기존의 개인화 암 치료에서 나아가, 얼마나 많은 돌연변이가 있느냐에 따라 면역항암 치료가 효과가 있을지를 판단한다. 암으로 인한 전체적인 유전체 변화 양상에 따라 면역항암 치료의 효과를 판단한다는 새로운 개념이 개인화된 암 치료의 모델을 이끌고 있다.

병용투여

서로 다른 메커니즘으로 면역을 활성화하고, 항암 효과가 기대되는 여러 면역관문억제제를 투여하여 상승효과를 볼 수 있지 않을까 하는 생각은 메다렉스 연구자들이 2005년에 처음 동물실험으로 입증했다. 연구진은 쥐 모델에서 CTLA-4 항체와 PD-1 항체를 동시 투여하자 시너지가 일어나는 것을 확인했다.[97] 종류가 다른 여러 면역관문억제제를 투여하면 왜 상승효과가 얻어지는 것일까?

면역관문억제제로 없어지는 종양 조직과 그렇지 않은 종양 조직은 종양미세환경(tumor microenvironment)에 차이가 있다. 어떤 종양 조직에는 암세포가 아닌 각종 면역세포들이 동시에 있다. 이런 종양 조직은 한 종류의 면역관문억제제만으로도 어렵지 않게 면역세포가 활성화되며 종양 조직이 제거된다. 어떤 종양 조직은 면역세포들이 많지 않고, 어떤 경우는 면역세포가 인식하는 암 항원이 발현되지 않은 상태에서 종양 조직이 생기기도 한다. 이때는 면역세포가 종양 내로 침투하기 힘들다. 이런 경우 한 가지 면역관문억제를 해제하는 것보다, 서로 다른 메커니즘(예를 들어 CTLA-4는 초기 단계 T세포의 활성화를 조절하며, PD-1은 이미 활성화된 T세포의 활성을 조절)으로 작용하는 면역관문억제제를 함께 투여해 T세포를 활성화는 것이 좀더 효과적이라는 주장이었다.[98]

2009년부터 말기 흑색종 환자를 대상으로 니볼루맙과 이필리무맙을 함께 투여하는 임상1상이 시작되었다. 이필리무맙과 니볼루맙을 함께 처방받은 환자는 평균적으로 11.5개월의 무진행 생존(progression-free survival, PFS)을 보였다. 이는 이필리무맙만 처방받은 환자의 2.9개월, 니볼루맙만을 처방받은 환자의 6.9개월에 비해 뚜렷하게 효과가 높은 것이었다.[99] 2015년에는 전이성 흑색종 환자를 대상으로 이필리무맙과 니볼루맙을 함께 투여하는 것이 가능해졌다. 또한 이 조합은 2018년 신장암 치료제로도 허가받았고, 높은 종양변이부담 수치를 가지는 비소세포폐암 환자들에게 1차 치료법으로 사용할 수도 있게 되었다.

면역관문억제제

2019년 현재, 면역관문억제제를 조합하고, 면역관문억제제와 화학요법, 표적항암제 등을 여러 방식으로 조합하는 약 700여 건 이상의 임상시험이 진행되고 있다. 면역관문억제제로 면역체계를 이용해 치료제를 개발하는 것이 항암 치료제의 중심이 되었다는 점을 보여준다. 콜리의 독소 이래 약 100년 동안 가능성이기만 했던 면역 항암 치료법은 항암 치료의 주류가 되었다. 이런 변화는 불과 몇 년 사이에 벌어진 극적인 것이었다. 2018년 10월, 제임스 앨리슨과 혼조 다스쿠는 2018년 노벨 생리의학상 수상자가 되었다. 두 사람의 노벨상 수상은 이들이 발견한 면역관문억제 단백질과 이를 억제하는 항체가 암 치료의 새로운 장을 열었다는 것을 상징적으로 보여준다.

물론 면역항암 치료가 암을 치료하는 길에서 넘어야 할 산은 많다. 면역관문억제제인 CTLA-4나 PD-1 억제제에 반응하는 환자는, 사용이 허가된 암을 앓고 있는 전체 환자의 30% 내외에 불과하다. 30%는 적은 숫자가 아니다. 그러나 아직 70% 정도의 환자는 면역관문억제제의 치료 효과를 보지 못한다는 뜻이기도 하다. 좀더 많은 암 환자가 면역항암 치료로 생명을 구하려면 CTLA-4와 PD-1/PD-L1 이외의 새 면역관문 타깃을 찾아야 한다. 이를 위해 많은 연구자가 면역체계를 운용하는 조절 단백질 쌍을 발굴하고 있으며, 새 면역관문 타깃을 억제하는 다양한 항체들도 개발 중이다.

새 면역관문과 이를 억제하는 항체를 찾아내도 CTLA-4나 PD-1/PD-L1만큼 우수하거나, 치료 가능한 환자가 늘어난다는 보장은 없다. 그럼에도 면역관문을 억제해 암을 치료할 수 있다는 희망이 사실로 확인된 이상, 면역관문을 더 찾아내고 항암 치료에 적용할 수 있을지 살펴봐야 한다.

바이오마커 부분도 풀어야 할 문제들이 많다. PD-L1 발현 수준은 면역관문억제제의 효과를 예측할 수 있는 지표처럼 사용되지만, 이 정도의 예측 능력을 지닌 다른 바이오마커는 없다. TMB처럼 전체적인 돌연변이 정도를 알아볼 수 있는 지표도 불충분하다. 새롭고 정확한 바이오마커 발굴이 필요하다. 마지막으로 이미 개발된 여러 항암 치료제와 면역관문억제제를 조합해, 더 높은 치료 효과를 낼 방법을 찾아야 한다.

가장 중요한 것은 면역관문억제제 역시 수십 년의 기초 연구를 바탕으로 만들어졌다는 것을 이해하는 일이다. 항암 치료와 별 관계가 없어 보였던 면역학의 기초 원리 연구가 가장 강력한 항암 치료법으로 주목받게 되었다. 기적처럼 사람의 생명을 구하는 기초 연구가, 때로는 전혀 관계 없는 것처럼 보이는 분야에서 시작되기도 하는 것이다. 그러니 지금 이 시간에도 어느 연구실에서 진행되고 있을 기초의과학연구의 성공 가능성을 보기 좋게 점치는 것은 불가능하다.

성공 가능성을 따져서 확실히 될 것같은 연구만 하거나, 남들이 이미 해본 검증된 길만 걷겠다는 것은, 오히려 혁신적인 항암 치료제 개발과 동떨어진 , '확실히 실패하는 길'이 될지 모른다. 면역관문억제제가 실제 암을 치료하는 의약품으로 되는 데, 중요한 계기가 되었던 연구들은 대개 관련이 있을 것이라고 생각하지 않았던 분야에서 시작되었고, 의약품으로 개발하는 과정도 당시 기준으로 모두 '너무 위험 부담이 큰 불확실한 모험적인 연구이고 개발'이었다. 그러나 암이라는 질병을 정복하는 치료제 개발의 본질은 위험 부담과 불확실성을 감수하고 아무도 가보지 않았던 길을 가는 것이다. 암을 정복하는 데 가장 필요한 것은 이러한 불확실성을 감수

할 용기이다. 그 어디에도 지름길은 없다.

주석

1. http://science.jrank.org/pages/3525/Immunology-History-immunology.html
2. http://www.ascopost.com/issues/october-25-2015/a-snapshot-of-early-immunotherapy
3. Fehleisen, F., *Die etiologie des erysipels* (Berlin: Theodor Fischer, 1883), p.48.; 2013년 유전자 편집기술로 주목받기 시작한 크리스퍼/카스9(CRISPR/Cas9) 시스템의 Cas9은 프리드리히 페라이센이 찾은 화농연쇄상구균에서 유래된 단백질이다.
4. http://discovermagazine.com/2016/april/11-germ-of-an-idea
5. McCarthy, E.F., (2006), The toxins of William B. Coley and the treatment of bone and soft-tissue sarcomas, *Iowa Orthopaedic Journal*, pp.154-158.
6. Old, L.J., Clarke, D.A., & Benacerraf, B., (1959), Effect of Bacillus Calmette-Guerin infection on transplanted tumours in the mouse, *Nature*, pp.291-292.
7. Carswell, E.A., *et al*, (1975), An endotoxin-induced serum factor that causes necrosis of tumors, *PNAS*, pp.3666-3670.
8. Morales, A., Eidinger, D., & Bruce, A.W., (1976), Intracavitary Bacillus Calmette-Guerin in the treatment of superficial bladder tumors, *Journal of Urology*, pp.180-183.
9. Hill, *et al*, 『생명의 원리 2판』(서울: 라이프사이언스, 2015); Abbas, A.K., *et al*, 『세포분자면역학』(서울: 범문에듀케이션, 2016).
10. Ehrlich, P., *Beitraege zur experimentellen Pathologie und*

Chemotherapie (Leipzig: Akademische Verlagsgesellschaft, 1909), pp.118-164.

11 Old, L.J., Boyse, E.A., (1964), Immunology of experimental tumors, *Annual review of medicine*, pp.167-186.

12 Burnet, F.M., (1970), The concept of immunological surveillance, *Progress in Tumor Research*, pp.1-27.

13 Grant, G.A., Miller, J.F.A.P., (1965), Effect of neonatal thymectomy on the induction of sarcomata in C57BL mice, *Nature*, pp.1124-1125.

14 Nishizuka, Y., Nakakuki, K., & Usui, M., (1965), Enhancing effect of thymectomy on hepatotumorigenesis in Swiss mice following neonatal injection of 20-methylcholanthrene, *Nature*, pp.1236-1238.

15 Gatti, R.A., Good, R.A., (1971), Occurrence of malignancy in immunodeficiency diseases: a literature review. *Cancer*, pp.89-98.; Penn, I., *Malignant Tumors in Organ Transplant Recipients* (Berlin: Springer Science & Business Media, 2012).

16 Sheil, A.R., (1986), Cancer after transplantation, *World Journal of Surgery*, pp.389-396.

17 Penn, I., (1996), Malignant Melanoma In Organ Allograft Recipients, *Transplantation*, pp.274-278.

18 Pantelouris, E.M., (1968), Absence of thymus in a mouse mutant, *Nature*, pp.370-371.

19 Stutman, O., (1974), Tumor development after 3-methylcholanthrene in immunologically deficient athymic-nude mice, *Science*, pp.534-536.

20 Outzen, H.C., Custer, R.P., Eaton, G.J., & Prehn, R.T., (1975), Spontaneous and induced tumor incidence in germfree "nude" mice, *Journal of the Reticuloendothelial*

Society, pp.1-9.

21 Dunn, G.P., Bruce, A.T., Ikeda, H., Old, L.J., & Schreiber, R.D., (2002), Cancer immunoediting: from immunosurveillance to tumor escape, *Nature Immunology*, pp.991-998.

22 Ikehara, S., Pahwa, R.N., Fernandes, G., Hansen, C.T., & Good, R.A., (1984), Functional T cells in athymic nude mice, *PNAS*, pp.886-888.

23 Hayday, A.C., (2000), γδ cells: a right time and a right place for a conserved third way of protection, *Annual Review of Immunology*, pp.975-1026.

24 Isaacs, A., Lindenmann, J., (1957), Virus interference. I. The interferon, *Proceedings of the Royal Society B: Biological Sciences*, pp.258-267.

25 Rubinstein, M., *et al*, (1978), Human leukocyte interferon purified to homogeneity, *Science*, pp.1289-1290.

26 Waldmann, T.A., (2017), Cytokines in Cancer Immunotherapy, *Cold Spring Harbor Perspectives in Biology*, a028472.

27 Organ, D.A., Ruscetti, F.W., & Gallo, R., (1976), Selective in vitro growth of T lymphocytes from normal human bone marrows, *Science*, pp.1007-1008.

28 Mizel, S.B., Farrar, J.J., (1979), Revised nomenclature for antigen-nonspecific T-cell proliferation and helper factors, *Cellular Immunology*, pp.433-436.

29 Waldmann, T.A., (2017), Cytokines in Cancer Immunotherapy, *Cold Spring Harbor Perspectives in Biology*, a028472.

30 Gutterman, J.U., *et al*, (1980), Leukocyte interferon-induced

tumor regression in human metastatic breast cancer, multiple myeloma, and malignant lymphoma, *Annals of Internal Medicine*, pp.399-406.

31 Goeddel, D.V., *et al*, (1980), Human leukocyte interferon produced by E. coli is biologically active, *Nature*, pp.411-416.

32 Gutterman, J.U., *et al*, (1982), Recombinant leukocyte A interferon: pharmacokinetics, single-dose tolerance, and biologic effects in cancer patients, *Annals of Internal Medicine*, pp.549-556.

33 Quesada, J.R., Reuben, J., Manning, J.T., Hersh, E.M., & Gutterman, J.U., (1984), Alpha interferon for induction of remission in hairy-cell leukemia, *New England Journal of Medicine*, pp.15-18.

34 Italian Cooperative Study Group on Chronic Myeloid Leukemia, *et al*, (1994), Interferon alfa-2a as compared with conventional chemotherapy for the treatment of chronic myeloid leukemia, *New England Journal of Medicine*, pp.820-825.

35 Grever, M., *et al*, (1995), Randomized comparison of pentostatin versus interferon alfa-2a in previously untreated patients with hairy cell leukemia: an intergroup study, *Journal of Clinical Oncology*, pp.974-982.

36 O'brien, S.G., *et al*, (2003), Imatinib compared with interferon and low-dose cytarabine for newly diagnosed chronic-phase chronic myeloid leukemia, *New England Journal of Medicine*, pp.994-1004.

37 Rosenberg, S.A., *et al*, (1984), Biological activity of recombinant human interleukin-2 produced in Escherichia

coli, *Science*, pp.1412-1414.
38. Lotze, M.T., *et al*, (1985), In vivo administration of purified human interleukin 2. II. Half life, immunologic effects, and expansion of peripheral lymphoid cells in vivo with recombinant IL 2, *Journal of Immunology*, pp.2865-2875.; Rosenberg, S.A., *et al*, (1985), Observations on the systemic administration of autologous lymphokine-activated killer cells and recombinant interleukin-2 to patients with metastatic cancer, *New England journal of medicine*, pp.1485-1492.
39. Atkins, M.B., *et al*, (1999), High-dose recombinant interleukin 2 therapy for patients with metastatic melanoma: analysis of 270 patients treated between 1985 and 1993, *Journal of Clinical Oncology*, pp.2105-2105.
40. Waldmann, T.A., (2017), Cytokines in Cancer Immunotherapy, *Cold Spring Harbor Perspectives in Biology*, a028472.
41. Schwartz, R.N., Stover, P.L., & Dutcher, J.P., (2002), Managing toxicities of high-dose interleukin-2, *Oncology*, pp.11-20.
42. Kaplan, D.H., *et al*, (1998), Demonstration of an interferon gamma-dependent tumor surveillance system in immunocompetent mice, *PNAS*, pp.7556-7561.
43. Shinkai, Y., *et al*, (1992), RAG-2-deficient mice lack mature lymphocytes owing to inability to initiate V(D)J rearrangement, Cell, pp.855-867.
44. Shankaran, V., *et al*, (2001), IFNgamma and lymphocytes prevent primary tumour development and shape tumour immunogenicity, *Nature*, pp.1107-1111.
45. Yanagi, Y., *et al*, (1984), A human T cell-specific cDNA

clone encodes a protein having extensive homology to immunoglobulin chains, *Nature*, pp.145-149.; Hedrick, S.M., Cohen, D.I., Nielsen, E.A., & Davis, M.M., (1984), Isolation of cDNA clones encoding T cell-specific membrane-associated proteins, *Nature*, pp.149-153.

46 생명과학 연구에서 실험이 쉽다는 이유로 동물에서 바로 채취된 1차 세포(primary cell)가 아닌 셀라인(cell line), 즉 1차 세포에서 유도한 암세포가 사용되는 경우가 있다. 셀라인은 1차 세포의 많은 특성을 가지고 있고 수명이 무한하다는 장점이 있지만, 1차 세포와 완전히 같지 않다는 단점이 있다. 종종 셀라인에서 나온 결과가 실제의 세포와 일치하지 않은 경우가 있으며, T세포 활성화 메커니즘에서의 차이도 그 좋은 예이다. 따라서 셀라인에서 얻은 결과가 실제 1차 세포나 동물에서도 그대로 일어나는지 주의 깊게 관찰해야 한다.

47 Bretscher, P., Cohn, M., (1970), A theory of self-nonself discrimination, *Science*, pp.1042-1049.

48 Jung, G., Ledbetter, J.A., & Mller-Eberhard, H.J., (1987), Induction of cytotoxicity in resting human T lymphocytes bound to tumor cells by antibody heteroconjugates, *PNAS*, pp.4611-4615.

49 Aruffo, A., Seed, B., (1987), Molecular cloning of a cDNA by a high-efficiency COS cell expression system, *PNAS*, pp.8573-8577.

50 Jenkins, M.K., Taylor, P.S., Norton, S.D., & Urdahl, K.B., (1991), CD28 delivers a costimulatory signal involved in antigen-specific IL-2 production by human T cells, *Journal of Immunology*, pp.2461-2466.; Harding, F.A., McArthur, J.G., Gross, J.A., Raulet, D.H., & Allison, J.P., (1992), CD28-mediated signalling co-stimulates murine T cells and prevents

induction of anergy in T-cell clones, *Nature*, pp.607-609.
51. Linsley, P.S., *et al*, (1991), Binding of the B cell activation antigen B7 to CD28 costimulates T cell proliferation and interleukin 2 mRNA accumulation, *Journal of Experimental Medicine*, pp.721-730.
52. Brunet, J.F., *et al*, (1987), A new member of the immunoglobulin superfamily CTLA-4, *Nature*, pp.267-270.
53. Linsley, P.S., *et al*, (1992), Coexpression and functional cooperation of CTLA-4 and CD28 on activated T lymphocytes, *Journal of Experimental Medicine*, pp.1595-1604.
54. Walunas, T.L., *et al*, (1994), CTLA-4 can function as a negative regulator of T cell activation, *Immunity*, pp.405-413.; Krummel, M.F., Allison, J.P., (1995), CD28 and CTLA-4 have opposing effects on the response of T cells to stimulation, *Journal of Experimental Medicine*, pp.459-465.
55. Van der Bruggen, P., *et al*, (1991), A gene encoding an antigen recognized by cytolytic T lymphocytes on a human melanoma, *Science*, pp.1643-1647.
56. Rosenberg, S.A., Yang, J.C., & Restifo, N.P., (2004), Cancer immunotherapy: moving beyond current vaccines, *Nature Medicine*, pp.909-015.
57. Chen, L., *et al*, (1992), Costimulation of antitumor immunity by the B7 counterreceptor for the T lymphocyte molecules CD28 and CTLA-4, *Cell*, pp.1093-1102.; Townsend, S.E., Allison, J.P., (1993), Tumor rejection after direct costimulation of CD8+ T cells by B7-transfected melanoma cells, *Science*, pp.368-370.
58. Leach, D.R., Krummel, M.F., & Allison, J.P., (1996),

Enhancement of antitumor immunity by CTLA-4 blockade, *Science*, pp.1734-1736.

59 Ishida, Y., Agata, Y., Shibahara, K., & Honjo, T., (1992), Induced expression of PD−1, a novel member of the immunoglobulin gene superfamily, upon programmed cell death, *EMBO Journal*, pp.3887-3895.

60 Agata, Y., *et al.*, (1996), Expression of the PD-1 antigen on the surface of stimulated mouse T and B lymphocytes, *International Immunology*, pp.765-772.

61 Nishimura, H., Minato, N., Nakano, T., & Honjo, T., (1998), Immunological studies on PD-1 deficient mice: implication of PD-1 as a negative regulator for B cell responses, *International Immunology*, pp.1563-1572.

62 Nishimura, H., Nose, M., Hiai, H., Minato, N., & Honjo, T., (1999), Development of lupus-like autoimmune diseases by disruption of the PD-1 gene encoding an ITIM motif-carrying immunoreceptor, *Immunity*, pp.141-151.; Nishimura, H., *et al*, (2001), Autoimmune dilated cardiomyopathy in PD-1 receptor-deficient mice, *Science*, pp.319-322.

63 Honjo, T., Nobel Lecture, The Nobel Prize in Physiology or Medicine 2018, https://www.nobelprize.org/prizes/medicine/2018/honjo/lecture/

64 Freeman, G.J., *et al*, (2000), Engagement of the PD-1 immunoinhibitory receptor by a novel B7 family member leads to negative regulation of lymphocyte activation, *Journal of Experimental Medicine*, pp.1027-1034.

65 Latchman, Y., *et al*, (2001), PD-L2 is a second ligand for PD-1 and inhibits T cell activation, *Nature Immunology*,

pp.261-268.
66 'T세포가 탈진(Exhaustion)한다'라는 용어를 사용한다.
67 Barber, D.L., *et al*, (2006), Restoring function in exhausted CD8 T cells during chronic viral infection, *Nature*, pp.682-687.
68 Iwai, Y., *et al*, (2002), Involvement of PD-L1 on tumor cells in the escape from host immune system and tumor immunotherapy by PD-L1 blockade, *PNAS*, pp.12293-12297.
69 Tang, F., Du, X., Liu, M., Zheng, P., & Liu, Y., (2018), Anti-CTLA-4 antibodies in cancer immunotherapy: selective depletion of intratumoral regulatory T cells or checkpoint blockade?, *Cell & Bioscience*, p.30.
70 Hino, R., *et al*, (2010), Tumor cell expression of programmed cell death-1 ligand 1 is a prognostic factor for malignant melanoma, *Cancer*, pp.1757-1766.
71 http://www.whatisbiotechnology.org/index.php/people/summary/Allison
72 Lonberg, N., *et al*, (1994), Antigen-specific human antibodies from mice comprising four distinct genetic modifications, *Nature*, pp.856-859.
73 Lonberg, N., Korman, A.J., (2017), Masterful antibodies: checkpoint blockade, *Cancer immunology research*, pp.275-281
74 Keler, T., *et al*, (2003), Activity and safety of CTLA-4 blockade combined with vaccines in cynomolgus macaques, *Journal of Immunology*, pp.6251-6259.
75 Honjo, T., *et al*, U.S. Patent No. 7,563,869 (Virginia: U.S. Patent and Trademark Office, 2009).

76 Waterhouse, P., *et al*, (1995), Lymphoproliferative disorders with early lethality in mice deficient in Ctla-4, *Science*, pp.985-988.

77 Small, E.J., *et al*, (2007), A pilot trial of CTLA-4 blockade with human anti-CTLA-4 in patients with hormone-refractory prostate cancer, *Clinical Cancer Research*, pp.1810-1815.

78 Phan, G.Q., *et al*, (2003), Cancer regression and autoimmunity induced by cytotoxic T lymphocyte-associated antigen 4 blockade in patients with metastatic melanoma, *PNAS*, pp.8372-8377.

79 Wolchok, J.D., *et al*, (2009), Guidelines for the evaluation of immune therapy activity in solid tumors: immune-related response criteria, *Clinical Cancer Research*, pp.7412-7420.

80 Hodi, F.S., *et al*, (2010), Improved survival with ipilimumab in patients with metastatic melanoma, *New England Journal of Medicine*, pp.711-723.

81 Lonberg, N., Korman, A.J., (2017), Masterful antibodies: checkpoint blockade, *Cancer Immunology Research*, pp.275-281.

82 Iwai, Y., *et al*, (2002), Involvement of PD-L1 on tumor cells in the escape from host immune system and tumor immunotherapy by PD-L1 blockade, *PNAS*, pp.12293-12297.

83 Korman, A.J., *et al, U.S. Patent No. 8,008,449* (Virginia: U.S. Patent and Trademark Office, 2011).

84 Suntharalingam, G., *et al*, (2006), Cytokine storm in a phase 1 trial of the anti-CD28 monoclonal antibody TGN1412, *New England Journal of Medicine*, pp.1018-1028.; 그리고

항체의 개발사인 테제레노(TeGenero) 사는 파산하였다.

85 Topalian, S.L., *et al*, (2012), Safety, activity, and immune correlates of anti-PD-1 antibody in cancer, *New England Journal of Medicine*, pp.2443-2454.

86 Kaplan, D.H., *et al*, (1998). Demonstration of an interferon gamma-dependent tumor surveillance system in immunocompetent mice, *PNAS*, pp.7556-7561.; Shankaran, V., *et al*, (2001), IFNgamma and lymphocytes prevent primary tumour development and shape tumour immunogenicity, *Nature*, pp.1107-1111.

87 Kang, S.P., *et al*, (2017), Pembrolizumab KEYNOTE-001: an adaptive study leading to accelerated approval for two indications and a companion diagnostic, *Annals of Oncology*, pp.1388-1398.

88 https://www.forbes.com/sites/davidshaywitz/2017/07/26/the-startling-history-behind-mercks-new-cancer-blockbuster/4/#44ce56427b18

89 Topalian, S.L., *et al*, (2012), Safety, activity, and immune correlates of anti-PD-1 antibody in cancer, *New England Journal of Medicine*, pp.2443-2454.

90 Garon, E.B., *et al*, (2015), Pembrolizumab for the treatment of non-small-cell lung cancer, *New England Journal of Medicine*, pp.2018-2028.

91 Brahmer, J., et al, (2015), Nivolumab versus docetaxel in advanced squamous-cell non-small-cell lung cancer, *New England Journal of Medicine*, pp.123-135.; Borghaei, H., *et al*, (2015), Nivolumab versus docetaxel in advanced nonsquamous non-small-cell lung cancer, *New England Journal of Medicine*, pp.1627-1639.

92 Herbst, R.S., *et al*, (2016), Pembrolizumab versus docetaxel for previously treated, PD-L1-positive, advanced non-small-cell lung cancer (KEYNOTE-010): a randomised controlled trial, *Lancet*, pp.1540-1550.

93 Reck, M., *et al*, (2016), Pembrolizumab versus chemotherapy for PD-L1 positive non-small-cell lung cancer, *New England Journal of Medicine*, pp.1823-1833.

94 이렇게 지놈 상에서 단백질을 암호화하는 영역(전체 지놈의 약 1% 정도)을 엑솜(Exome)이라고 하며, 이의 염기서열을 결정하는 것을 엑솜 시퀀싱(Exome Sequencing)이라고 한다.

95 Rizvi, N.A., *et al*, (2015), Mutational landscape determines sensitivity to PD-1 blockade in non-small cell lung cancer, *Science*, pp.124-128.

96 Yarchoan, M., Hopkins, A., & Jaffee, E.M., (2017), Tumor Mutational Burden and Response Rate to PD-1 Inhibition, *New England Journal of Medicine*, pp.2500-2501.; Hellmann, M.D., *et al*, (2018), Tumor mutational burden and efficacy of nivolumab monotherapy and in combination with ipilimumab in small-cell lung cancer, *Cancer Cell*, pp.853-861.

97 Korman, A.J., *et al, U.S. Patent No. 8,008,449* (Virginia: U.S. Patent and Trademark Office, 2011).

98 Sharma, P., Allison, J.P., (2015), The future of immune checkpoint therapy, *Science*, pp.56-61.

99 Larkin, J., *et al*, (2015), Combined nivolumab and ipilimumab or monotherapy in untreated melanoma, *New England Journal of Medicine*, pp.23-34.

에필로그

**

서로 다른 세 가지 종류의 항암제가 개발되기 위한 기초 연구가 수행되는 과정과 실제 항암제로 개발되는 과정에 대해서 살펴보았다. 이미 세상에 나온 약의 개발 과정을 다시 돌아보는 이유는, 그렇게 하는 것이 아직 세상에 없는 약을 만들고자 하는 사람들에게 도움이 되기 때문이다. 세상에 알려지지 않았던 새로운 과학과 기술이 어떤 계기와 사건과 과정을 거치면서 신약의 형태로 세상에 나오는 과정은, 신산업이나 성장동력 창출의 생생한 예다. 물론 암이라는 질병으로 목숨을 잃는 사람들을 구하는 새로운 수단이 탄생하는 과정을 돌아보는 것은 그 자체만으로 흥분되는 일이기도 하다.

한국은 근대 과학의 혁명적 발전에 주체적으로 참여하지 못했다. 그럼에도 빠르게 산업화를 이뤄냈다. 서구 국가들이 근대 과학 발전과, 과학 발전에 바탕을 둔 산업화를 함께 진행한 것에 비해, 한국은 과학의 발전과는 무관하게 산업화를 이뤄낸 세계적으로 드문 경우에 속한다. 서구 국가들의 산업화가 지식 그 자체를 찾아내는 것에 목적이 있는 과학의 발견에 기반하여 세상에 없던 새로운 무엇인가를 만들어내는 산업화로 이어졌다면, 한국은 새로운 지식을 발견하는 과학 연구의 과정은 생략한 채 누군가 이미 만들어 놓은 물건을 더 싸고 빠르게 만들거나, 이제 곧 상품이 될 수 있는 단계에 이른 어떤 것을 서둘러 효율적으로 상품화시키는 전략으로 2019년 현재 세계 12위 규모의 경제를 갖춘 산업국가를 건설하였다. 패스트 팔로워(fast follower) 전략에 최적화된 산업구조는 지금 한국이 누리는 경제적 번영의 바탕이 되었다.

그러나 한국의 추격 전략은 이제 한계에 이르렀다. 더이상 세상에 없는 새로운 것을 만들지 못하면 성장하기 어려운 단계가 되었다. 그러나 아직 한국 내에서 발굴된 새로운 과학 지식에 기반하여 세상에 없는 새로운 것을 처음으로 산업화하는 것은 우리에게는 아직 가보지 않은 새로운 경험에 가깝다. 이러한 상황에서 돈이 되는 것과는 전혀 관계없을 것처럼 보이는 기초과학의 연구로부터 시작하여 천문학적인 가치를 만들어내는 신약이 탄생된 역사를 살펴보는 것은, 두려움을 없애는 데 조금이나마 도움이 될 것이다. 어디로 튈지 모르는 과학적인 우연들이 만나 기적처럼 암을 고치는 신약이 되기까지의 과정을 살펴보면 아직 가보지 않은 길을 떠나야 하는 한국의 '모험가'들이 용기를 얻을 수 있을지 모른다. 신약개발은 오직 과학적인 발견에 기대어 매번 고비를 넘긴다. 여기서 소개된 과정을 알아보면서 미지의 길을 앞서 걸었던 선배 모험가들이 겪었던 어려움을 이해한다면, 앞으로 닥칠 여러 어려움을 극복하는 데 보탬이 될지도 모른다. 여섯 개의 화두를 통하여 지금까지 알아본 신약의 개발 과정에서 공통적으로 얻을 수 있는 교훈을 정리해보려 한다.

시간

저분자 화합물을 가지고 만드는 표적 항암제, 항체를 바탕으로 하는 항암제, 면역관문억제제 모두 연구의 시작은 19세기 말로 거슬러 올라간다. 넉넉하게 보면 200년 가까운 시간이다. 현재 '만성 골수성 백혈병'이라 불리는 병이 처음 보고된 것이 1841년이다. 그로부터 100년이 지나서 병의 원인이 필라델피아 염색체라는 것을 알게 되었고, 다시 30년이 지난 1990년대 초가 되어 해당 질병에 대한 치료제 후보물질 CGP57418이 개발되었다. 환자에게 처방되기 시작한 것은 다시 10여 년이 지난 2000년대 초반까지 기다려야 했다.

만성 골수성 백혈병만 특별히 오래 걸린 것은 아니다. 이 책에서 소개한 여러 가지 암을 포함한 대부분의 질병 역시 비슷한 과정을 거친다. 즉 최초의 질병의 발견, 원인의 확인, 그리고 치료제의 등장까지 100년 정도의 세월이 걸리는 것은 보통이다. 질병의 타깃을 찾고, 이를 억제하는 후보물질을 찾아 임상시험을 거쳐 신약으로 판매 허가를 얻는 데에도 30년 정도는 우습게 흘러간다. 신약으로 만들기까지가 30년이다. 한 세대가 지날 긴 시간동안 꾸준히 연구를 수행하고, 이를 기반으로 상품을 개발하는 긴 호흡을 우리는 아직 경험해보지 못했다. 따라서 세상에 없던 새로운 클래스의 신약을 개발한다고 하면 일단 기존에 알던 것과는 다른 시간 개념으로 사고할 필요가 있다. 기존에 없던 과학 지식을 발굴하여 신약을 개발하고, 이를 통하여 기존에 치료하지 못했던 질병을 치료하는 것은 하루아침에 이루어지지 않는다.

우연

지금 수행되는 과학 연구의 결과가 나중에 어떤 유용한 결과를 낳을지는 쉽게 예측하기 힘들다. 국민의 세금에 의해서 수행되는 상당수의 연구는 해당 연구를 수행하는 연구자들에게나 관심이 있는 연구처럼 여겨질 수도 있다.

    그러나 지금까지 알아본 신약의 개발 과정처럼 과학의 발전과 혁신은, 우연과 의외의 반복으로 이루어져 있다. 궁극적으로 엄청난 파급효과를 가져오는 과학과 기술은, 원래 그 목적과는 전혀 관계없는 궁금증을 풀기 위해서 시작한 연구에 뿌리를 두고 있는 경우가 많다. 물론 반대의 경우도 많다. 특정한 목적을 위하여 수행된 연구들이 해당 목적을 이루지는 못했지만 전혀 다른 분야의 연구의 기초가 되기도 한다.

예를 들어 면역관문억제제의 주요 타깃인 CTLA-4나 PD-1에 대한 최초의 연구는, T세포가 어떻게 활성화되거나 불활성화되는지를 알아보기 위한 연구로 시작되었다. 이는 당시까지만 해도 암 치료제 개발과는 전혀 무관한 순수 면역학 연구였다. 그러나 CTLA-4나 PD-1이 자가면역체계에 영향을 준다는 것을 우연히 알게 되었고, 이들 단백질의 기능을 억제하면 암세포가 면역 시스템의 공격을 피하려는 기질을 억제해 항암제로 응용할 수 있다는 점도 알게 되었다.

이러한 모든 결과는 연구의 초창기에는 쉽게 예측할 수 없는 것이었다. 기존에 존재하지 않은 새로운 신약과 같은 엄청난 파급효과를 가져오는 결과는 대개 아무도 예상하지 않던 분야의 연구에서부터 시작되는 것이다.

융합

하나의 기술로는 문제를 풀지 못하다가, 주변에 있는 다른 기술과 만나 혁신적으로 문제를 풀어내는 경우를 볼 때가 있다. 예를 들어 1970년대에 개발된 하이브리도마에 의한 단일클론항체는 암세포만 골라서 죽일 수 있는 기적의 약을 곧 만들 수 있는 기술로 기대되었다. 그러나 생쥐에서 유래된 항체는 사람의 몸속으로 들어오면 외래 물질로 인지되어 무력화되었고, 기대는 그리 쉽게 이루어지지 않았다. 이 문제는 단일클론항체와는 독립적으로 연구가 진행된 재조합 DNA 기술이 풀어주었다. 재조합 DNA 기술로 인간 항체에 생쥐 유래 항체에서 항원을 인식하는 부분만 이식해 넣는 기술이 가능해졌던 것이다.

한편 이미 알려져 있던 동물 유래 치료용 단백질을 재조합 DNA 기술로 만들어 파는 것이 목표였던 제넨텍은, 암처럼 고칠 수 없었던 질병의 치료제를 개발해야 하는 상황에 놓인다. 그들이 원래 기반 기술로 생각했던 재조합 DNA를 이용하여 단백질을 생산하는 기술로는 이를 해결할 수 없었다. 암이 어떻게 생기는지에 대한 기초 연구와 인간화 항체를 만드는 기술 등 새로운 과학적 지식과 기술이 축적된 뒤에야 재조합 단백질로 암을 치료하는 신약을 만들 수 있었다. 세상에 없던 혁신적인 신약을 만들려면 두 가지 이상의 새로운 기술이 만나야 하는 경우가 많다.

협업

연구자들의 기초 과학 연구, 혹은 전 세계적 규모의 제약기업이 쏟아붓는 엄청난 돈, 세계적인 병원과 임상의사는 혁신적인 신약이 만들어지는 데 필수적인 요소지만, 이보다 더 중요한 것은 신약개발 키 플레이어들의 상호작용이다. 이 세 가지가 마치 복잡한 톱니바퀴들이 맞물려 있는 것처럼 밀접한 협력 관계가 탄생해야만 비로소 신약은 탄생한다.

앞서 소개된 글리벡, 허셉틴, 면역관문억제제 모두 그런 상황에서 태어날 수 있었다. 서로 다른 도메인(domain)에 속한 다양한 사람들이 서로의 활동에 귀를 기울이고, 때로는 분야를 넘나들며 활동해야 한다. 예를 들어 종양내과의사 브라이언 드러커는 암 환자를 치료하는 데 쓸 수 있는 약물이 고작 몇 개라는 점에 절망했다. 그래서 의사가 아닌 기초 과학 연구자가 되기로 했다. 단백질 인산화 효소에 대한 연구 경험을 쌓았고, 그 경험이 시바-가이기의 연구자들을 만나 글리벡이라는 최초의 표적항암제 개발로 이어질 수 있었다. 이러한 상황에서 임상 의학, 기초 과학, 제약산업계를 넘나들며 다리 역할을 하는 사람들이 신약의 개발에서 중요하다.

다른 분야 사람들을 서로 연결하려면 허브가 필요하다. 혁신적인 신약이 많이 만들어지는 미국에서는, 의과대학이 허브 역할을 한다. 미국 의과대학은 임상의사가 훈련받는 기관 이상의 역할을 수행한다. 2차 대전 이후 '질병과의 전쟁'의 사령부를 자임했던 미국 국립보건원(National Institute of Health, NIH)을 창구로 해서 지원된 정부의 연구 지원금은 의과대학으로 향했다. 덕분에 의과대학은 기초의과학, 생명과학 연구의 허브가 될 수 있었고, 의과대학과 병원에서 수행되는 임상시험을 통해 제약기업들과도 적극적으로 협력 관계가 구축되었다. 미국 보스턴 지역은 바이오테크놀로지와 제약산업 등을 이끄는 연구 클러스터로 세계적 명성을 얻고 있다. 이는 보스턴 지역의 하버드 의과대학을 중심으로 한 여러 협력 병원, 파생된 연구 성과로 만들어진 바이오테크, 이들과 교류하는 제약기업들이 뭉쳐 있기 때문이다.

의심

글리벡, 허셉틴, 면역관문억제제 모두 개발이 순탄하지 않았다. 순탄하지 않은 과정 가운데서도 가장 극복하기 어려웠던 과정은 아무래도 '의심'이었을 것이다. '전에 없던 개념의 물질이 과연 병을 고칠 수 있을까?'와 같은 의심이 드는 것은 어쩌면 당연한 일이다.

단백질 인산화효소를 저해하는 약물이 알려지지 않던 상황에서 사람 몸속에 있는 수백 종류의 단백질 인산화효소 가운데 한 가지 인산화효소만을 타깃할 수 있을까 의심하는 것은 당연했다. 글리벡이 만난 의심이었다. 다른 단백질 인산화 효소에 영향을 준다면 치명적인 독성 물질이 될 수 있기 때문이었다. 허셉틴도 마찬가지였다. 항체를 바탕으로 한 암 치료제는 세상에 없던 물건이었다. 이런 물건에 천문학적 개발비를 투자한다는 데 의심하지 않은 것이 더 이상하다. 지금은 전 세계적 규모의 제약기업이나 이제 막 시작하는 바이오벤처 모두 관심을 가지는 면역관문억제제도 몇 년 전까지 과연 이런 전략으로 암을 치료할 수 있을지에 대해서 의심을 갖는 사람들이 더 많았다.

사람의 생명이 걸려 있고, 천문학적 규모의 개발 비용과 오랜 개발 기간이 필요한 신약개발에서 의심은 당연한 일이다. 그럼에도 의심을 극복하며 위험을 감수하는 경우에만 혁신적인 신약이 세상에 나오는 것도 당연하다. 신약뿐만 아니라 세상에 커다란 영향을 준 새로운 물건은, 그것이 어떤 것이든 이런 과정을 겪게 마련이다.

정부와 민간

한국은 '정부 주도 성장'에 대한 집착이 강하다. 최빈국에서 10위권의 경제 대국으로 성장하는 과정에서, 정부는 거의 모든 분야에 주도적으로 개입해 발전과 성장을 이끌었다. 이러한 짜릿한 경험은 쉽게 잊지 못한다. 풀어야 할 문제나 달성해야 할 목표가 생기면 자연스럽게 '정부 주도'라는 단어가 한 자리를 차지한다. 생명과학을 바탕으로 하는 바이오 신약의 경우도 마찬가지다. 정부가 얼마나 어떻게 나설 것인지에 대한 논의가 이루어지는데, 물론 정부의 역할은 중요하다. 그러나 중요한 것은 정부가 어떤 역할을 하느냐다.

표적항암제, 항체치료제, 면역관문억제제 모두 미국을 중심으로 이야기가 흘러간다. 이는 2차 대전 이후 미국 연방정부가 의생명과학 연구에 주도적으로 투자한 연구의 지저 산물이기 때문이다. 예를 들어 글리벡과 같은 표적항암제에서는, 만성 골수성 백혈병 환자들에게 필라델피아 염색체와 같은 유전적 변형이 특이적으로 나타난다는 것이 먼저 확인되어야만 했다. 그런데 필라델피아 염색체가 단백질 인산화효소의 브레이크를 망가뜨리는 결과라는 등의 여러 중요한 과학적 사실은, 미국 국립보건원(NationalInstitute of Health, NIH)을 통해 미국 전역의 대학과 병원에 지원된 연구로 알아낸 것들이었다. 현재 생명공학계를 이루는 가장 기본이 되는 기술이라고 할 수 있는 재조합 DNA 기술은, 1960년대 말 분자생물학 연구자들이 미생물을 바탕으로 했던 분자생물학에서 고등생물의 분자생물학으로 넘어가기 위한 과정에서 개발된 것이다. 이 역시 대부분 NIH의 연구비 지원 덕분이었다. 혁신적인 신약이 태어나기 위한 지적 기반(Intellectual foundation)은 대부분 공적으로 지원된 자원에서 비롯된 기초 연구였다. 결국 정부의 지원은 신약을 개발하기 위한 굳건한 지적 바탕을 쌓았다.

정부가 굳건한 지적 바탕을 쌓는 역할을 했다면, 구체적인 신약 개발은 민간을 중심으로 이루어졌다. 경작지가 없는 황무지나 산을 일구어 경작지를 일구는 데 정부 지원 연구가 역할을 한다면, 씨를 뿌리고 작물을 길러내는 것은 민간이 역할을 담당하는 셈이다. 그리고 민간 기업의 연구-개발도 매우 장기간에 걸쳐 엄청난 자원을 들여 이루어지는 것이 보통이다. 허셉틴의 탄생 과정은 타깃 유전자를 발굴하면서부터 약 30여 년 동안 제넨텍이라는 민간 기업이 주도했다. 면역관문억제제는 메다렉스라는 바이오테크를 빼고 이야기하기 어렵다. 대부분의 신약 탄생 과정을 살펴보면, 기초 연구 단계를 제외한 실제 제품 단계는 민간의 자원에 의해서 이루어졌다. 실제 가시적인 수확물을 얻는 제품 개발 단계에서 정부의 역할은 극히 제한적이었다.

신약을 포함한 많은 첨단 과학을 바탕으로 하는 물건들은 무수한 실패와 그래도 계속되는 도전 사이에서 태어난다. 즉 실패와 도전의 사이클은 빠르게 굴러가는데, 의사결정에 시간이 필요한 정부의 지원은 사이클의 속도를 맞추기 어렵다. 결국 기반 지식의 생산 단계가 아닌 실제 제품의 개발 단계 수준에서는 빠르게 투자하고, 빠르게 포기하는 민간의 지원이 훨씬 효율적이다.

한편 정부가 지원하는 연구는 공공재적인 성격을 지닌다. 불확실한 지식을 찾아내어 공공의 것으로 나누어주는, 채굴 중심의 기초 과학 연구는 정부의 자원을 활용하기에 적합하다. 그러나 이런 단계를 지나서 상품화 단계에 도달하여 실제로 유용한 가치를 실현하는 단계에서는 민간이 맡는 것이 적합하다. 정부 R&D 지원을 얻으려면 해당 연구가 가져올 경제적 가치에 대한 연구 제안서를 써야 하지만, 해당 연구가 정말 높은 확률로 경제적 가치를 제공할 수 있다는 확신이 있다면, 이보다는 민간의 지원으로 빠르게 개발을 진행하는 것이 더 효율적이다.

여기에 '정부가 어떤 연구를 지원해야 하는가'에 대한 정책적인 관점의 이야기를 조금 살펴볼 필요가 있다. 실제 정책을 입안하는 정부 당국자 입장에서는 연구자가 제안하는 과연 어떤 결과를 낼지도 불확실한 다수의 연구 과제를 지원하는 것보다는 특정한 목적을 지향하는 정부 주도의 대규모 국책 과제를 추진하기를 선호할지도 모른다.

그러나 정부 주도의 대규모 과학 연구 과제도 연구 과제의 성격에 따라서 성공과 실패가 갈릴 수 있다는 것을 명심할 필요가 있다. 1970년대 미국 연방정부가 추진한 암과의 전쟁(War on Cancer)와 같은 거대 과학 프로젝트는 많은 자본과 노력을 들였지만 뚜렷한 성과를 보지 못했다. 반면 인간 지놈프로젝트(Human Genome Project)는 목표를 달성하고, 이로 인한 파급 효과가 긍정적이었던 프로젝트로 평가받는다.

왜 어떤 정부 주도의 거대 과학 프로젝트는 성공했다는 평가를 듣는 반면, 어떤 거대 과학 프로젝트는 실패하는가? 암과의 전쟁은 암의 원인도 정확히 모르는 상황에서 몇 가지 단편적인 가능성(예를 들어 레트로바이러스에 의해서 암이 유발된다 등)에 기대어, 가야 할 정확한 목표가 설정되지 않은 상황에서 많은 자본을 투자하였으나 성과를 내지 못하였다. 연구자 주도의 소규모 탐험 연구가 적절한 상황에서 무모하게 국가 주도의 대형 과제를 추진한 것이 독이 되었던 것이다. 반대로 인간 지놈 프로젝트는 어느 정도 정확도로 인간 지놈을 해독할 것인지에 대한 목표가 확실했다. 연구에 필요한 기술적 바탕이 갖추어진 상태에서 집중적인 연구비를 투여하면 성공이 가능한 대규모 토목 건설사업과 크게 다르지 않은 프로젝트였던 것이고, 이는 계획대로 소기의 성과를 거두었다. 정부가 신약 개발과 같은 신성장 동력을 창출할 것으로 기대되는 분야에서 진정한 기여를 하고 싶다면, 그 기여 방식에 대해서 과거의 신약 성공 사례에서의 외국 정부의 역할을 면밀히 검토할 필요가 있을 것이다. 현재 신약 개발 등 신산업 육성이나, 기반 조성 명목으로 수행되는 여러 정부 주도 과제들도 이런 관점에서 과연 얼마나 적절한지를 면밀히 검토해 볼 필요가 있을 것이다.